極致版
3D人物建模、
材質專業技法

Index

Maya＝Autodesk Maya　**Max**＝Autodesk 3ds Max　**XSI**＝SOFTIMAGE|XSI　**LW**＝LightWave

Chapter

1 製作人物角色的全身部位

Chapter

2 製作臉部創造表情

3 準備讓人物角色動起來

Column&Information

Design & Model

將真人轉換成CG時，姿勢多少會有些改變，因此剛開始時可以像這樣先畫草稿。草稿只是做為參考用，因此可以臨機應變。最重要的是將腦中構思的形象畫出雛型。如果工作時有客戶在場的話，就必須培養攫取客戶心目中理想形象的能力。不過，用CG製作人物真的非常困難呢。在建模過程中還是彩色畫面，到最後階段卻變成單調的畫面。人物姿勢（Posing）不需使用骨架，而是將人體模型的關節處一一切開後再擺出姿勢。將切開的部位重新接合後，再新增細節部份。

用CG重現吉他手纖細的演奏技巧以及演奏美妙旋律時的搖滾形象。本文將詳細介紹建模時如何設定姿勢、衣服的皺摺等製作重點。

孤傲的吉他手

川岡七郎

範例・文

Nanao Kawaoka

使用軟體●LightWave 3D［8］
以自由創作者的身份持續活動。除了經手製作各種影像作品之外，也在月刊《CGWORLD》雜誌當中介紹諸多作品以及技巧。

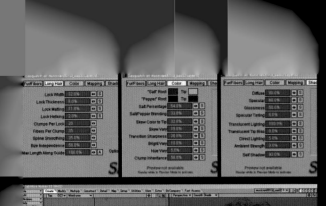

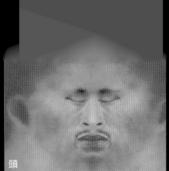

頭

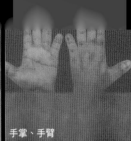

手掌、手臂

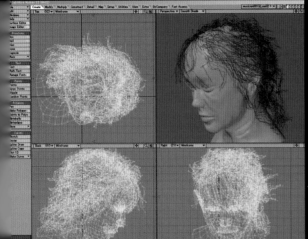

刺青

牛仔褲

襯衫

使用Squatch來製作頭髮。原本我就不擅長調整數值，因此都盡量依賴參考線（guide）來進行製作。話雖如此，隨著參考線數量的增加，也就變得越來越難以平均控制，這時可以使用

LockWidth讓頭髮自然重疊，保持平衡。單是改變Self Shadow（陰影效果）數值就能夠大幅改變Shading（填色）的效果，可以自行嘗試調整變化。

Texture（紋理）幾乎都是利用照片圖片來進行加工。比方說牛仔褲，只要用數位相機「喀嚓」地拍下來就能

輕鬆完成！但可能有人會說我偷工減料……。男性臉部大多相當粗糙，因此鬍渣線條的色調就成為主要特徵。

Lighting & Material

從上面開始是Area Light（在Shadow勾選on），從下方開始則是Spot Light（在Shadow勾選off）。燈光來源可簡單分成前方、右側、左側、後方、下方等，可在G2登錄。

一邊調整燈光與Radio City光線強度的平衡，一邊加強調整Back Light（背光）。如果能將Shadow Map（陰影屬性）在其他頻道獨立控制的話，就能夠增添變化了，真的很可惜。

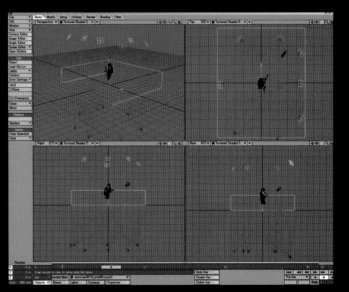

重現攝影棚的強烈照明。首先，在照射對象周圍設置燈光。接著從下方新增反射用的燈光，在Radio City勾選On，將Global Light Intensity調為0%，與G2一起組合。使用Global

Light Intensity為0%的方法時，就無法反映出頭髮的Sasquatch的陰影。因此，必須另外製作Sasquatch專用的畫面。

肌膚的SSS與燈光的調整方式相當困難。若強調陰影的話，雖然能夠表現出存在感，然而在實際上這種狹窄的

層次中想呈現立體感及存在感是非常棘手的作業。這是我今後必須努力的課題。

Notice

about ARCHIVES

本書是根據不同的主題，從月刊《CGWORLD》雜誌中節選出相關文章，再彙編而成的書籍。本書所刊登的內容，基本上與刊載於月刊《CGWORLD》的內容相同，因此可能有部份文章內容與現行情況有所出入。

about COPYRIGHTS

本書的照片、插圖、圖片及其他內容之著作權，均歸屬於著作權者或創作者所有。除法律規定特例外，未經著作權人、作者以及出版社許可，禁止任意轉載、讓渡、販售或基於營利目的使用。

about TRADEMARKS

本書所記載的產品及公司名稱，均為各相關公司的登錄商標或商標。為便於閱讀，本書一律不刊登上述登錄商標或商標的標誌。此外，基於同樣的理由，本書中會使用簡稱來表示公司及軟體名稱。

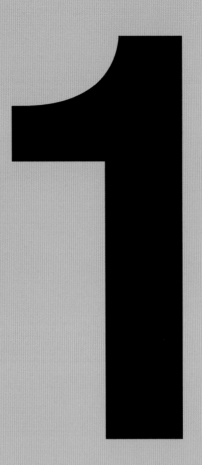

製作
人物角色的
全身部位

本章的主要重點為如何製作人體形狀，
並依照身體各部位介紹不同的建模技巧。
除了瞭解身體各部位的差異之外，熟知人物角色的性別、
年齡等屬性才是提昇技巧的捷徑。作業時，切記需經常由整體縮
小至細節，以及從細節擴大整體，來進行對比觀察。

製作『人體』模型的胴體及頭部

在「立體計畫」的單元中，將詳細解說從建模計畫、製作形狀、到細部構造的製作過程。這次的主題是人體，是相當困難的主題，讓我們慎重地來製作吧。首先，就先從身體及頭部開始著手。

鹿野文浩
URL ● http://www.studioshikano.com/
人體是難度相當高的主題，我希望透過人體這個主題，讓各位再度認識基本的建模。

參考書籍 ●《美術解剖圖筆記》（作者、發行人：內田廣由紀，編輯者：早坂優子，發行所：株式會社視覺設計研究所）、《人體解剖與描寫法》（作者：路易斯·高登（Louis Gordon），譯者：上昭二，發行者：越後谷隆，發行所：株式會社David社）、《李奧納多·達文西解剖圖集》（編輯、解說：松井喜三，發行者：加藤敬事，發行所：株式會社MISUZU書房）

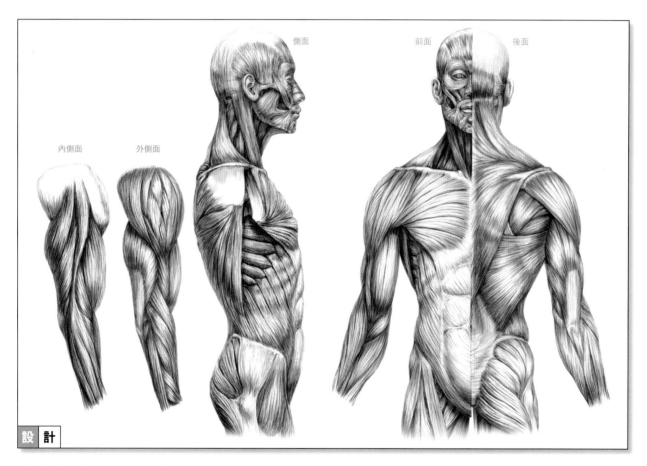

內側面　　外側面　　側面　　前面　　後面

設 計

本文以「人體」為主題，分成「身體與頭部」、「手臂與足部」、「最後完工」等三回合進行解說。在這一回當中，我們一起來製作身體的核心部份吧。有關作法方面，先沿著肌肉的形狀製作臉部，等到完成粗略的雛型後，再慢慢增加面製作各個部位。為了讓作業在視覺上簡單明瞭，可以將物質的光澤（Highlight）部份加強設定，隨著面的角度不同，光澤部份也會跟著變化，來掌握模型形狀。

此外，由於人體形狀相當複雜，因此第一步必須先畫出詳細圖稿，這是在開始作業前幫助理解人體基本構造的重要步驟。形象確定以後，也可以從自己喜歡的局部部位開始著手。接下來，我們就開始作業吧。

圖片製作：鹿野文浩

從身體到頭部的製作方式

利用特定大小的多邊形面上,沿著粗略的肌肉佈線,
依照身體到頭部的順序製作。

01 將人體參考圖依序貼在多邊形板的前面、後面與側面。用「Symmetry(對稱編輯)」功能將圓柱體進行對稱分割,並參照參考圖將面移到肋骨及腹肌的位置。在確認圓柱體後面的脊椎及腰部的位置,決定好背部及臀部位置後,再決定圓柱體前面的肋骨形狀。

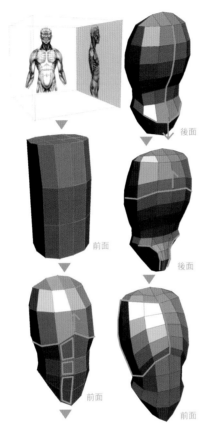

02 在頸部位置的面利用點選「Bevel(導角)」功能擠出,從側面決定頭部的中心後,配合臉部輪廓,做出臉頰到下顎的凹陷部份。接著在眼睛及嘴部的位置新增面,然後在鼻子位置的面點選「Bevel」功能來擠出,做出鼻子。

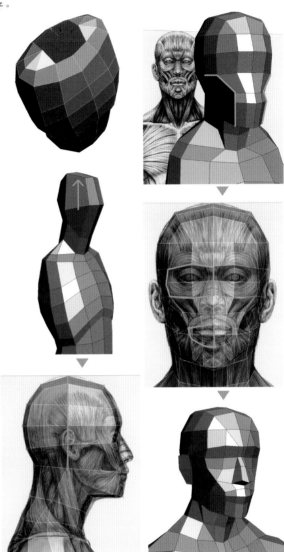

03 在手臂位置的面點選「Bevel」功能,往45度方向擠出,接著配合人體背部圖點選「Cut(切割)」功能切分出肌肉形狀後,再移動頂點。肩膀及廣背肌也是以同樣的方式製作,肩膀的骨骼以及腋窩的肌肉也是用同樣的方式新增。

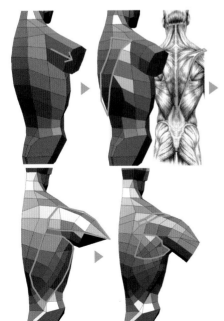

04 複製貼有人體參考圖的多邊形板,將手臂部分用「Cut」功能切分後,再將手臂配置到向後45度的位置。決定好胸部的中心位置後,接著決定肩膀形狀以及大胸肌的位置,然後再調整鎖骨及腋窩的形狀、增加肩膀及胸部位置的面並調整形狀。製作大胸肌時,則要使肌肉佈線從中心延伸到肩膀及腋下。

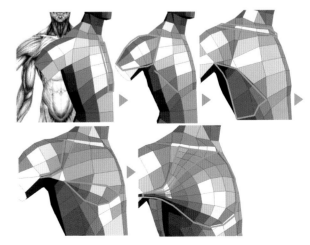

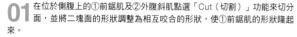
身體的製作

**身體到頭部的部份大致完成後，
接著配合各部位的肌肉形狀繼續製作。**

01 在位於側腹上的①前鋸肌及②外腹斜肌點選「Cut（切割）」功能來切分面，並將二塊面的形狀調整為相互咬合的形狀，使①前鋸肌的形狀隆起來。

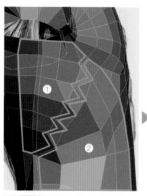

02 一邊注意到人體圖中肚臍的位置，一邊製作腹肌的溝紋，使左右腹肌各有3塊隆起的面。接著調整腋窩的面，使面的形狀像是往腹肌集中一般。製作腹肌的溝紋與肚擠時，先增加面然後再強調溝紋。

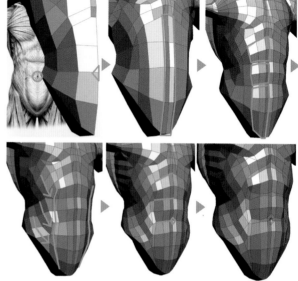

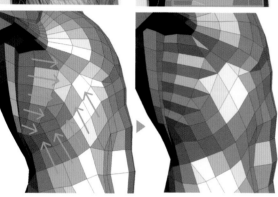

03 將面進行切分及調整，使頸部周圍到肩膀、背部及肩膀各部位的肌肉佈線如同人體圖的肌肉走向一般，接著做出頸部的①隆椎及肩膀骨骼形狀後即完成。

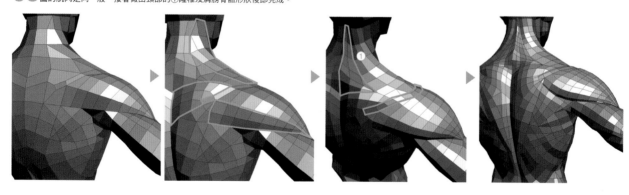

04 將肩膀及頸部周圍部份的面，做成肌肉的佈線朝鎖骨方向的形狀，強調頸部到肩膀、胸部等的凹陷部份，並將腋窩肌肉的形狀調整為肌肉佈線朝向腋窩中心的形狀。

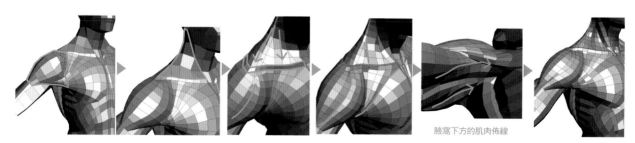

腋窩下方的肌肉佈線

頭部的製作

**頭部的肌肉比身體更為複雜，
先掌握基本肌肉再行製作。**

01 將位於臉頰部份的肌肉以及骨骼位置的面進行分割，做出形狀，並將眼睛及嘴部周圍的面加以分割，做出形狀。臉頰正面的形狀配合人體圖做出肌肉佈線後，接著在眼睛及嘴部的位置做出凹陷。

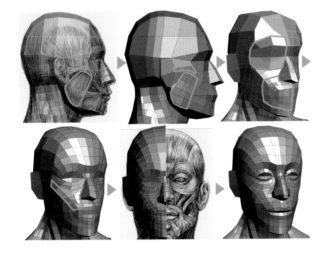

02 將球體配置在眼睛的位置，並配合眼球來調整眼周。製作時，一定要經常注意到臉頰骨骼的位置。接著調整嘴邊做出嘴唇的輪廓，並將臉頰正面部份的面修整平滑，最後將鼻子及嘴唇的面進行分割製作，以重現頭部肌肉。

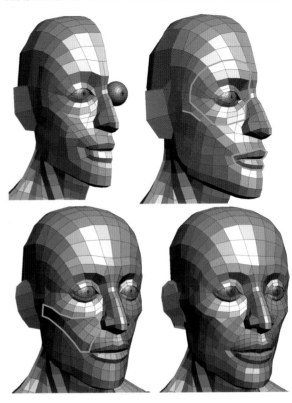

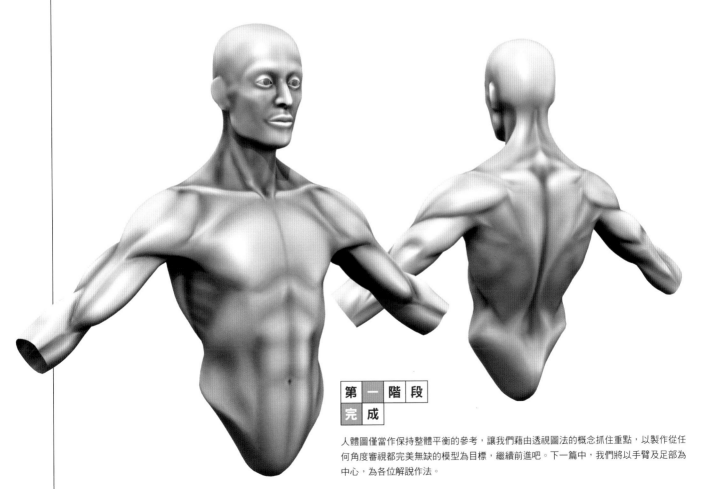

第 一 階 段
完 成

人體圖僅當作保持整體平衡的參考，讓我們藉由透視圖法的概念抓住重點，以製作從任何角度審視都完美無缺的模型為目標，繼續前進吧。下一篇中，我們將以手臂及足部為中心，為各位解說作法。

鹿野文浩
URL ● http://www.studioshikano.com/
這一回也是從人體參考圖開始著手製作，除了
能夠再次確認人體構造之外，我也又多上了一
堂課。

參考書籍 ●《美術解剖圖筆記》（作者、
發行人：內田廣由紀，編輯者：早坂優子，
發行所：株式會社視覺設計研究所）、《人
體解剖與描寫法》（作者：路易斯·高登
(Louis Gordon)，譯者：上昭二，發行
者：越後谷隆，發行所：株式會社David
社）、《李奧納多·達文西解剖圖集》（編
輯、解說：松井喜三，發行者：加藤敬事，
發行所：株式會社MISUZU書房）

製作『人體』模型的各部位

在「立體計畫」的單元中，從進行建模時的計畫到擬定細部構造的過程，都會以豐富的圖解做詳細的解說。這次是人體介紹第二回，下面將繼續介紹在身體增加手臂及足部、以及耳、鼻的細部製作。

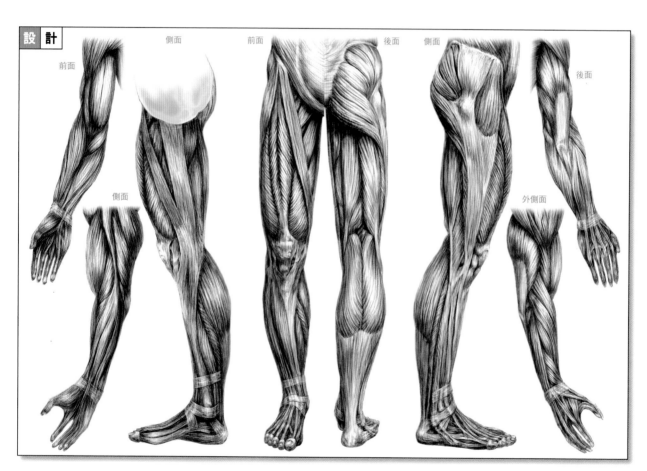

設計

前面　側面　前面　後面　側面　後面

側面　側面　外側面

我們回到上回完成的「身體及頭部」的模型，新增「手臂及足部」來製作全身模型。在開始建模前，我們先在身體及頭部的參考圖上再畫上手臂與足部，使大腦能充分理解肌肉複雜交錯的構造。

製作順序如下：手臂的製作為先大致決定好整體輪廓後，再使用「Cut（切割）」功能切分各部位的肌肉進行製作。足部則是從最具特徵的肌肉開始著手，再新增其他部份。此外，關於手指與腳趾部份，基本上是先做好一根手指，經過複製、變形的動作，再做成手指或腳趾的形狀。由於手臂及足部周圍的肌肉相當密集，因此製作時一定要參考人體圖以避免混淆各部位構造，並慎重進行作業。

圖片製作：鹿野文浩

手臂的製作

先擠出大概的形狀後,再使用【Cut(切割)】功能
來切分面,做出肌肉佈線。

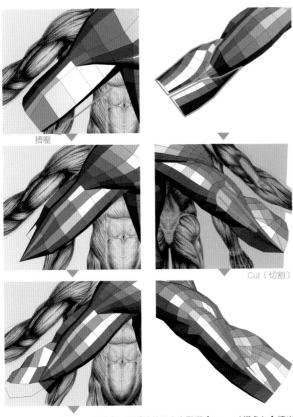

擠壓

Cut(切割)

01 配合手臂參考圖的輪廓,從肩膀的肌肉上點選【Bevel(導角)】擠出
面,並移動頂點使模型變形成肌肉的形狀,做出粗略的模型。然後使用
【Cut】功能,沿著纏繞的肌肉做出多邊形的佈線。訣竅是將重點放在肘骨的突
出部份。

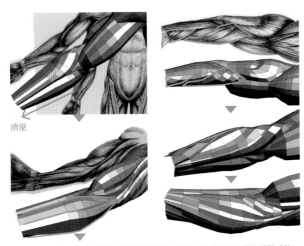

擠壓

02 點選【Bevel】功能擠出粗略的面後,接著一邊使用透視圖的預覽功能,
從各個角度檢視肌肉形狀如同往手掌方向慢慢纏繞的手臂肌肉部份,一
邊使用【Cut】功能沿著肌肉的佈線進行調整。這時,先從具有特徵的肌肉佈線
(以金線圈起來的部份)開始製作比較容易進行作業。

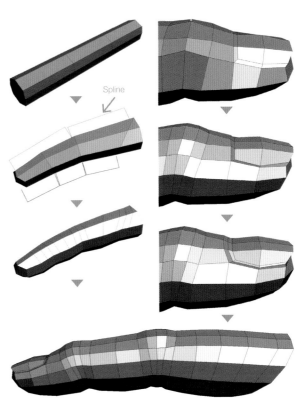

Spline

03 首先配置一根圓柱體,接著在關節的位置使用Spline加入標示,為避免位
置偏移,先增加面後再進行製作。指甲也是手指的一部分,先使用
【Cut】功能將面進行切分,再做出指甲的形狀。

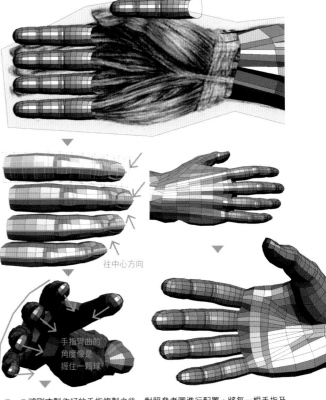

往中心方向

手指彎曲的
角度像是
握住一顆球

04 將剛才製作好的手指複製之後,對照參考圖進行配置。將每一根手指及
指甲的形狀稍做變化後,使用【FFD(變形框格)(BOX)】功能使所有
手指稍微往中心彎曲、變形。並將每一根手指的彎曲角度調整成像是握住一顆球
般,最後再使用【Bridge(橋接)】等功能連結手指與手臂的肌肉佈線,使手部
形狀合為一體。

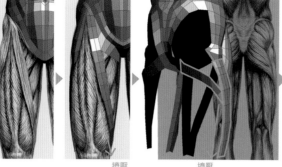

以極具特徵的肌肉形狀為基礎，拉出帶狀模型後，
再將空隙填滿做出整體形狀。

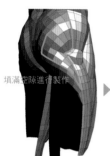

擠壓

擠壓

擠壓

填滿空隙進行製作

擠壓

填滿空隙進行
製作

01 以人體圖為參考，使用【Bevel（導角）】功能沿著大腿部極具特徵的肌肉擠出多邊形，做出大概的輪廓。接著使用【Cap】及【Bevel】等功能將做好的肌肉間隙填滿，形成大腿整體的肌肉。

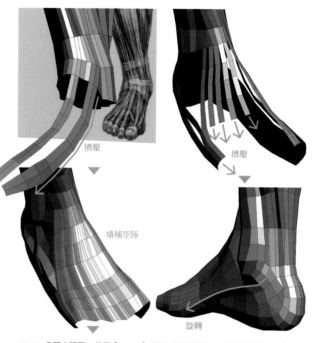

擠壓

擠壓

填補空隙

旋轉

03 參照人體圖，使用【Bevel】功能一邊稍作彎曲一邊擠壓出肌肉，使肌肉朝大拇趾等腳趾的方向延伸。這時，在肌肉上增加一些凹凸感，避免讓肌肉形狀顯得單調，。此外，也必須留意從上方彎往趾尖方向的肌肉等佈線。

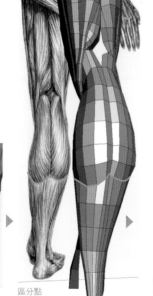

擠壓

擠壓

區分點

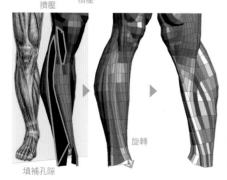

旋轉

填補孔隙

02 從正面的脛骨部份點選【Bevel】功能做出標準形狀，小腿背面也要一邊控制肌肉的分界等特徵，一邊進行製作。剩餘的部份主要是朝腳趾方向發展的肌肉，因此必須意識到這一點，並參考人體圖做出肌肉佈線。

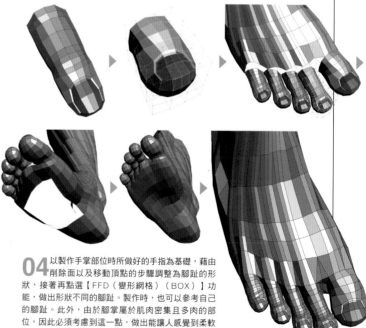

04 以製作手掌部位時所做好的手指為基礎，藉由削除面以及移動頂點的步驟調整為腳趾的形狀，接著再點選【FFD（變形網格）（BOX）】功能，做出形狀不同的腳趾。製作時，也可以參考自己的腳趾。此外，由於腳掌屬於肌肉密集且多肉的部位，因此必須考慮到這一點，做出能讓人感覺到柔軟度的外型。

耳朵與鼻子的完工

先用【Cut】將面進行切分,再移動Edge做成耳朵。
鼻子則是使用【Chamfer(倒斜角)】功能決定形狀。

01 對照從側面看見的耳朵輪廓準備平面模型,然後使用【Cut(切割)】功能切割面,在耳朵內部做出凸出的Edge以及凹陷的Edge,再移動頂點做出凹凸,將模型調整為耳朵的形狀。雖然製作過程有點複雜,除了人體圖以外,拍下自己耳朵的照片當作參考的話,就會比較容易理解。

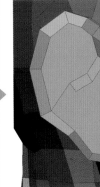

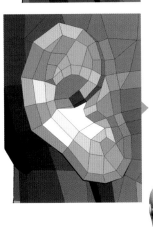

02 使用【Bevel(導角)】功能深入擠壓,並加上陰影來呈現鼻孔。接著點選鼻子形狀比較特殊的Edge,執行Chamfer並決定鼻子形狀。鼻子有各式各樣的形狀,屬於雖然熟悉卻無法完全把握的身體部位,因此一邊用鏡子檢視自己的鼻子,一邊進行作業,才是理解基本構造的最佳捷徑。

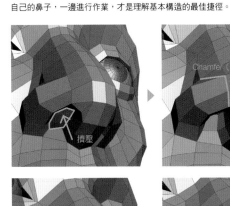
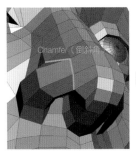

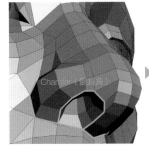
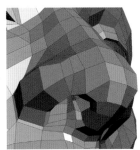

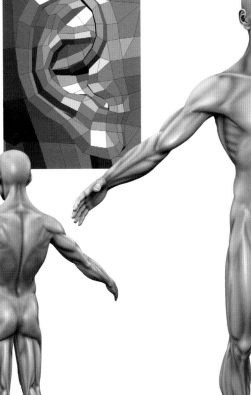

第二階段完成

由於手臂及足部的肌肉呈現錯綜複雜的形狀,如何表現、呈現自然漂亮的肌肉也就成為一大重點。因此,透過作業前的描繪草稿來理解構造是相當重要的。下面將針對整體完工進行解說。

鹿野文浩
URL ● http://www.studioshikano.com/
這一回是最終回。真的非常感謝所有閱讀本單元的讀者。

參考書籍 ●《美術解剖圖筆記》（作者、發行人：內田廣由紀，編輯者：早坂優子，發行所：株式會社視覺設計研究所）、《人體解剖與描寫法》（作者：路易斯・高登（Louis Gordon），譯者：上昭二，發行者：越後谷隆，發行所：株式會社David社）、《李奧納多・達文西解剖圖集》（編輯、解說：松井喜三，發行者：加藤敬事，發行所：株式會社MISUZU書房）

『人體』模型的完工

建模是CG製作的基礎，在「立體計畫」的單元中，將以豐富的圖解為您詳細解說從計畫擬定到建模完成的過程。本單元終於進入最終回，接下來就來製作皮膚、骨架及肌肉，完成人體模型。

設　計

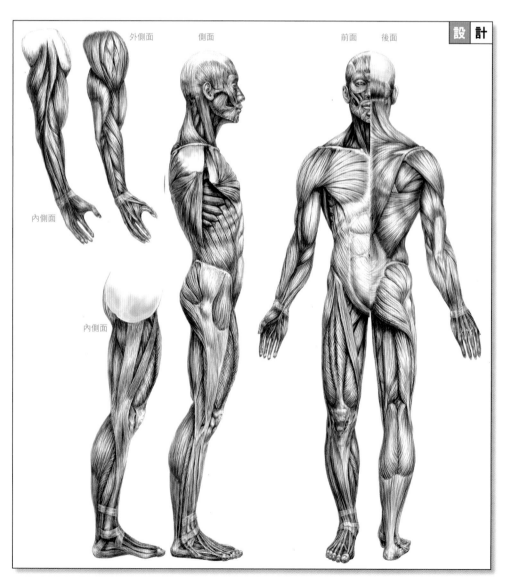

外側面　　側面　　　　前面　後面

內側面

內側面

這回將進入人體模型整體的完工。先針對牙齒等細節部分進行建模，再仔細展開UV（貼圖軸），然後使用ZBrush在牙齒模型上加上肌肉的凹凸感。接著在之前用3ds Max沿著肌肉走向所製作的多邊形上，用ZBrush的Brush（筆刷工具）加入凹凸感。在進行此一作業的同時，替肌肉上色後，再輸出Normal Map（法向量貼圖）、Displacement Map（位移貼圖）、以及Texture（紋理）。最後，再將上述圖表當作紋理貼在3ds Max上，完成人體模型。

設定時，除了使用【Skin】進行變形之外，並使用付費的外掛程式「SkinFX」能更正確地表現肌肉的動作。紋理與肌肉設定的作業量都相當龐大，讓我們一起謹慎作業，以製作高完成度的作品為目標。

圖片製作：鹿野文浩

16

製作牙齒及全身紋理

牙齒的形狀從牙齦開始建模，
細微的肌肉細節則靠紋理（Texture）來表現。

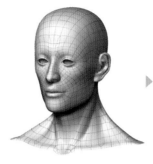
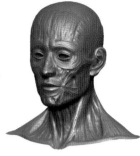

用Turbo Smooth修改後

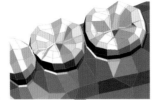

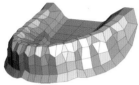

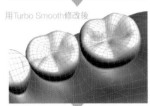

法向量貼圖（Normal Map）

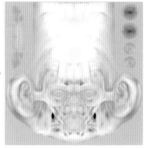
位移貼圖（Displacement Map）

03 將3ds Max的模型分別按照頭部、身體、足部等部位，以.obj檔案格式輸出，並分別使用ZBrush讀取。接著在【Frame】按鈕勾選On，使人體模型出現網格，接著將【Subdivision Level】設定為6，並使用【Standard】的Brush（只在Zadd勾選On）沿著肌肉的佈線做出細節部份的凹凸感。最後，輸出法向量貼圖（Normal Map）以及位移貼圖（Displacement Map），做為在3ds Max上使用的紋理（Texture）之用。

做出突出的肌肉

01 牙齒的形狀從牙齦開始製作。在牙齒的生長位置的多邊形面上點選【Bevel（導角）】功能後擠出牙齒，接著使用【Cut（切割）】功能來增加面，最後使用【Turbo Smooth】功能將牙齒調整為凹凸分明的形狀，顯得更為逼真。

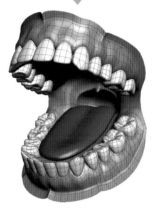

04 在ZBrush當中，配合整體的色調使用【Standard】的Brush（只在Rgb勾選On）進行上色。隨著肌肉部位的不同，顏色也會跟著不同，突出的部份塗上明亮的顏色，凹陷的部份則塗上較深的色調，以強調立體感。完工後，將紋理輸出。

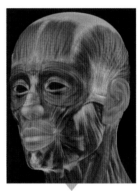

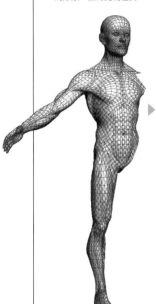

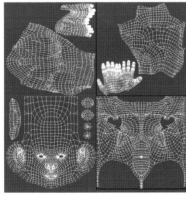

02 為了讓臉部及身體的UV（貼圖軸）左右側略有不同，因此將這兩個部位的UV完全展開來。而手臂及足部的UV則只使用單邊，然後將紋理（Texture）反轉過來。

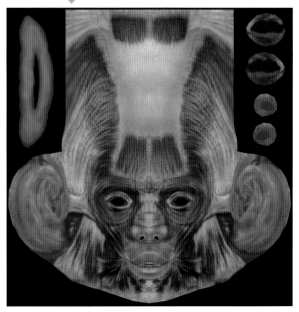

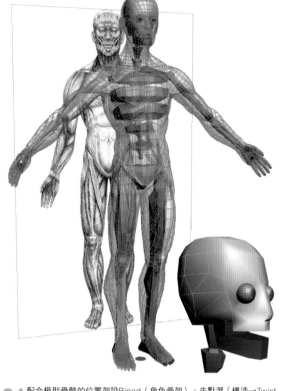

骨架及肌肉的製作

使用外掛程式「Skin FX」在Biped角色骨架上製作肌肉，
完成人體模型。

01 配合模型骨骼的位置架設Biped（角色骨架）。先點選〔構造→Twist Link→Twist〕指令，接著將〔上腕〕、〔前腕〕、〔大腿〕、〔小腿肚〕的Twist Link數各設定為5個，使手臂及足部可以彎曲。至於頭部方面，為了簡化接下來的作業，在〔編輯網面〕選項中改變頭蓋骨的形狀，並在下顎配置〔Ponytail 1〕，以凸顯顎骨。

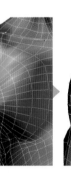

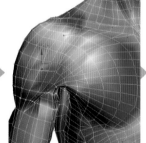

02 使用付費外掛程式「Skin FX」來重現肌肉的動作。在Biped（角色骨架）的上腕二頭肌的位置配置SkinFX的肌肉模型，並建立連結，使手臂彎曲時肌肉膨脹能夠活動。有關其他肌肉部份，請參考人體圖來配置各部位的肌肉模型進行設定，以重現全身的動作。

03 在人體模型上分配〔Skin〕後，點選Biped（角色骨架）讓人體可以活動。手臂的根關節以及嘴部等關節能夠做出大動作的主要關鍵，在於微妙地調整各頂點單位上的權重（Weight）。為避免在下個作業中使用SkinFX進行變形時出現破綻，必須小心翼翼地進行作業。

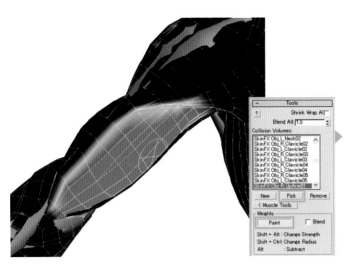

04 在人體模型上配置SkinFX，並將所有肌肉模型全都從〔Pick〕內後登錄。在會造成影響的各個人體部位上，將〔Paint〕按鈕勾選On後，在預覽範圍內用筆刷（Paint Brush）加上顏色決定影響範圍。當所有的影響範圍全都設定完成後，當手臂等彎曲時，肌肉就會膨脹且能夠活動。

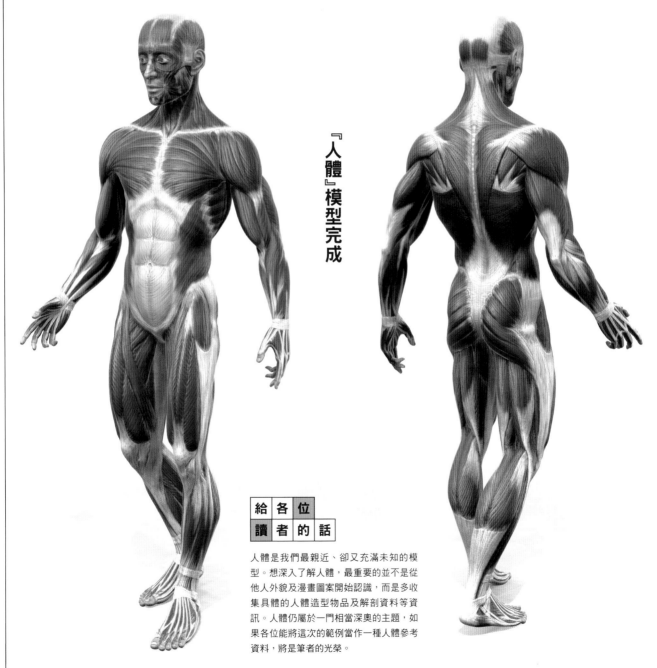

『人體』模型完成

給各位
讀者的話

人體是我們最親近、卻又充滿未知的模型。想深入了解人體，最重要的並不是從他人外貌及漫畫圖案開始認識，而是多收集具體的人體造型物品及解剖資料等資訊。人體仍屬於一門相當深奧的主題，如果各位能將這次的範例當作一種人體參考資料，將是筆者的光榮。

八戶宏
（Hiroshi Yae）
自由CG設計師兼攝影師。
http://www.012.upp.so-net.ne.jp/h_
yae/
使用軟體：Autodesk 3ds Max 9

細分物件製作
人體建模

從形狀複雜到曲線緩和的部位，依照人體的各個部位，
從立方體開始製作完美比例的建模，完成變化多端的人體模型。

想學習人物角色建模，沒有所謂的「絕對正確的方法」。現在，一般常見的「多邊形建模（Polygon Modeling）」＋「細分曲面（Subdivision Surface）」手法，雖然有以立方體或球體為基礎煉鋼式的移動頂點，但最後一邊一邊調整形狀，這才是最重要的。

而能夠持續進行這種單調作業的動力，就是「幹勁」。基於這項原因，我們這回就以女性人物角色做為建模的主題。因為筆者是個男人，腦中自然會浮現理想女性的形象，因此作業時自然就會相當流暢。此外，製作喜愛的主題時自然就會激發幹勁，有時候甚至會過於專注作業，沉溺在製作模型中不可自拔。

然而，當女性人物角色的話，就會出現相當棘手的問題。比方說手肘、膝蓋等凹凸複雜的部位尚無大礙，可是在描繪乳房、臀部等擁有美麗曲面的部位時，根據細分曲面（Subdivision Surface）的特性，容易使表面凹凸不平，且難以調整。由於使用三角多邊形容易中斷多邊形的佈線，因此不要在比較明顯的部位使用三角多邊形。這一次，我將最能展現技巧的部份。這裡可說是最能展現技巧的部份。這一次，我將身體的曲線設定的較為淺顯易懂，下面就來介紹騎自行車的女性人物角色的建模吧。

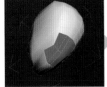

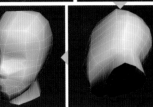

ポリゴンを編集
頂点を挿入
押し出し　アウトライン
ベベル　インセット
ブリッジ　フリップ
エッジからヒンジ立上げ
スプラインに沿って押し出し
三角形化を編集
再三角形化　エッジ回転

3 製作頸部。點選頭下方的多邊形，使用「擠壓」功能擠出脖子。刪除多餘的多邊形後，將中央的頂點座標調整為0。經過上述步驟，就完成臉部的粗略模型。

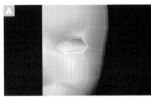

4 A 在眼周使用「Cut」切分出輪廓，B 將內側的多邊形往內壓，C 設定眼球。眼球著重的是Texture（紋理）而非建模。眼球形狀也可以選用單純的球體，但若要講究眼球細節，使中央部份稍微突出，看起來感覺會更好。

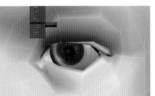

5 將眼周細分後做出外眼角、內眼角、雙眼皮以及上眼皮。當形狀大抵完成後，再Attach（合併）「Turbo Smooth Modifier」功能並調整細節部份。經過上述步驟，就完成眼周。

6 製作鼻子。作法與眼睛一樣，先使用「Cut（切割）」將多邊形細分後再開始製作。鼻翼的部份方面，先重複多邊形的摺痕再使用細分曲面（Subdivision Surface）功能，就能夠做出摺痕。當摺痕能自然融合後，只要逐漸擴大多邊形的幅度即可。

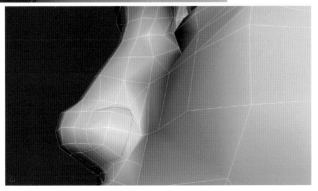

頭部

首先來製作頭部。頭部，特別是臉部表情，可說是影響模型整體質感最大的部位，因此製作時必須要講究每個細節。

在範例當中，我們先新建一個立方體為基底，立方體的大小取決於製作的人物角色之臉部大小。在建模的過程中，有時會搞不清楚該如何設定眼、耳、口等細節部份的大小，這時可以先製作一個基準物件，再根據基準做細微的調整會比較容易操作。因此，在製作Low Polygon時若能設定好基準物件的大小，進行作業時會更有效率。任何事情最重要的就是事先做好規劃。

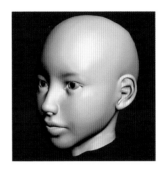

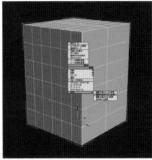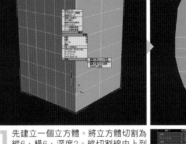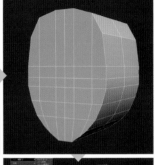

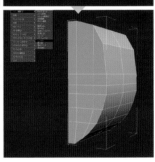

1 先建立一個立方體。將立方體切割為縱6、橫6、深度2。縱切割線由上到下依序是眼睛上方線條、眼部線條、眼睛下方線條、鼻子頂點線條、以及嘴部線條。將立方體轉換成可編輯多邊形後，使用「移動」及「放大縮小」功能做出概略的輪廓，接著將右半部或左半部削掉，將「Symmetry Modifier」進行合併（Attach）。

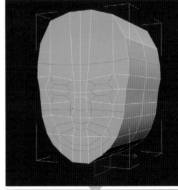

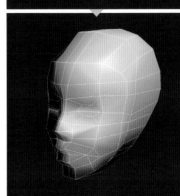

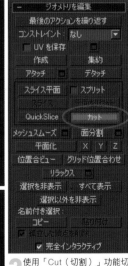

ジオメトリを編集
最後のアクションを繰り返す
コンストレイント：なし
UV を保存
作成　集約
アタッチ　デタッチ
スライス平面　スプリット
スライス　平面表材ID
QuickSlice　カット
メッシュスムーズ　面分割
平面化　X Y Z
位置合ビュー　グリッド位置合わせ
リラックス
選択を非表示　すべて表示
選択以外を非表示
名前付き選択：
コピー　貼り付け
✓完全インタラクティブ

2 使用「Cut（切割）」功能切分出眼、鼻、口的Edge後，再分別移動頂點做出臉部的基本形狀。

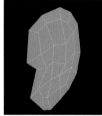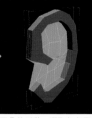

11 移動耳朵的頂點做出耳朵的形狀,選取紅色區塊後,點選「擠壓」功能使之立體化。在耳朵中央部份做出凹凸感後,再將耳洞部份往內挖洞。

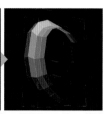

12 製作耳朵內側連接頭部的部份。選取Edge部份後,一邊按住Shift鍵,一邊使用「移動」工具移動Edge,如此多邊形就會自動貼上去。接著使用Edge的「接續」功能連續加入二條Edge來調整大小。

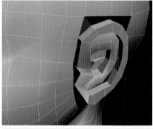

13 將製作好的耳朵使用「移動」、「旋轉」工具貼在做好的頭部上,並調整位置。接著刪除頭部側面物件多邊形的一部份,使耳朵物件能夠與頭部物件「Attach(合併)」。最後再使用多邊形的「製作」功能連結耳朵及頭部,並修正形狀。

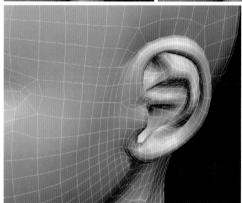

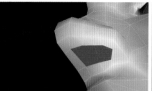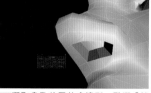
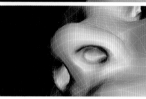

7 選取鼻孔位置的多邊形,點選「擠壓」功能使之凹陷,並使用Edge的「接續」功能一邊進行細分,一邊調整形狀。鼻孔的形狀並不是像挖下水道出入孔一樣,而是一邊修整周圍一邊挖洞。

8 將嘴部以口腔為中心細分為同心圓狀,並在中間配置多邊形。將多邊形的間隔縮小,使上唇及下唇部份的輪廓更明顯。

9 口腔內部方面,選取上唇及下唇間的多邊形後,點選「Bevel(導角)」功能將多邊形壓進去。這時,側面的yz面也會出現多邊形,之後再刪除。此外,隨著多邊形擠壓的角度不同,由於yz面上的頂點沒有歸0,因此須進行修正。雛型完成後,將「Turbo Smooth」設定為On,並確認形狀。

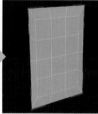

10 耳朵也是從立方體開始製作。將立方體分割成縱4、橫3、深度1後,再轉換為可編輯多邊形。接著將連接頭部一邊的多邊形刪除後,選取另一邊的12個多邊形,點選「放大及縮小」功能縮小多邊形後,再將縮小的多邊形的面全部統一。

重點 1　臉部的平衡感

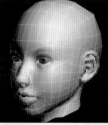
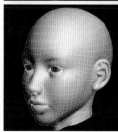
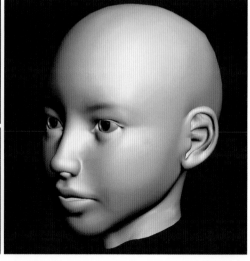

　　製作臉部時,最難以掌握的就是平衡感。如果臉部輪廓、眼、鼻、口、耳等各部份做的相當漂亮,但是平衡感卻極差的話,就稱不上是具有造型美的臉部了。不過,這種平衡感與因應臉部製作的最佳平衡感完全不同,因此很難做善後處理。在製作過程中的草稿階段,即使各部位的位置皆位於最佳位置,之後可能也會在製作時失去平衡感。因此,剛開始時最好先決定變形程度、各部位的大小、位置等數值為佳。

　　建模時最好能以解剖學的正確配置為基礎,再配合人物角色的個性,改變各部位的形狀為佳,例如放大眼睛、縮小鼻子、嘴唇如鱈魚子般等。

　　即使各部位做的再漂亮,若是配置時臉部平衡感不佳就會功虧一簣。最好能事先設定好各部位的位置、大小等數值,才能夠完成理想的臉部模型。

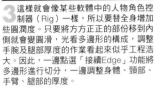

3 這樣就會像某些軟體中的人物角色控制器（Rig）一樣，所以要替全身增加些圓潤度。只要將方方正正的部份移到內側就會變圓滑，光看多邊形的構成，調整手腕及腿部厚度的作業看起來似乎工程浩大。因此，一邊點選「接續Edge」功能將多邊形進行切分，一邊調整身體、頸部、手臂、腿部的厚度。

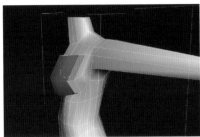
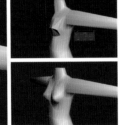

4 接下來製作乳房。先選取乳房區域的多邊形，再點選「擠壓」功能拉出多邊形。選取多邊形後直接點選「編輯Geometry」功能中的「集中」，使乳房的多邊形集中於一點。然後再點選「接續Edge」功能將多邊形進行切分，並調整乳房形狀。

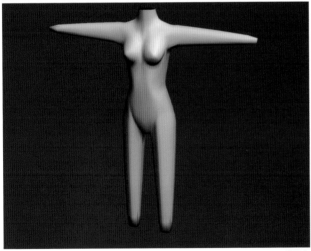

5 完成身體的素體。進行到這個階段，就可以將「Turbo Smooth Modifier」進行合併，觀看整體情況。由於接下來要將身體各部位細分化，在這個階段如果全身未能取得平衡的話，之後就會欲哭無淚。

素體

與臉部相較之下，身體是屬於不易展現造型上個性的部份，想要展現個性得先要有素體，否則無法著手製作。因此，下面就從基底開始製作身體。在開始製作前，必須先決定身體大小，身體大小取決於等身比例。東方人體型多為6～7頭身，西方人則約為7～8頭身。此外，也可先單獨製作7.5頭身的身體，再將頭放大，做成約4頭身的動畫體型。在這次的範例中，我們將體型設定為一般東方人體型，製作約6.5頭身的人體模型。

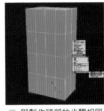
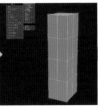
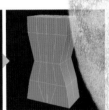

1 與製作頭部的步驟相同，都是從立方體開始製作。將立方體分割為縱4、橫4、深度2後，再轉換成可編輯多邊形，接著將左側（右側）的多邊形削去後，再將「Symmetry Modifier」進行合併。然後再移動頂點，做出身體粗略的形狀。

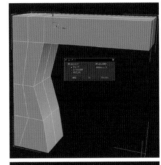

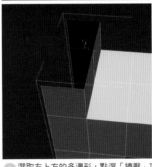
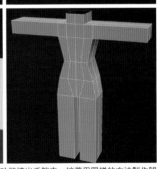

2 選取左上方的多邊形，點選「擠壓」功能擠出手腕來。接著用同樣的方法製作腿部。至於頸部，則是將上面的多邊形削去後，選取Edge，同時按住Shift鍵點選「移動」功能來製作多邊形。

重點2 腰部與胸部的調整

製作身體時必須要特別注意的一點，就是肚擠的位置。這是因為與男性相較之下，女性的肚擠以及腰部位置比較高的緣故。因此在建模時，當無論如何都無法表現出女性特有的柔軟曲線時，請在腰部周圍多下點功夫。

此外，女性平常都會穿戴胸罩。胸罩能夠提高乳房的位置，因此這也成為製作女性CG時常會遇到的陷阱。一般用CG製作人體時都是裸體的，將製作好的完美乳房穿上衣服後，就很容易變成巨乳且豐腴的身體。當你覺得「奇怪？我做的應該是纖瘦體型的模型才對……」時，這一點就是造成問題的肇因。

女性胸部位置。左圖是穿著胸罩經過修飾的狀態，因此乳房尖端會稍微朝上。右圖則是沒有穿著胸罩的狀態，因此乳房會下垂，不適合穿運動內衣。

基本上，腳部的製作與手掌及手臂一樣，均是先將圓柱體細分後再慢慢做出形狀。至於腳趾方面，由於在大多作品當中都會穿上鞋子或襪子等，很少出現腳部特寫，因此不一定要製作腳趾。不過為了呈現結實且線條優美的雙腿，最好在腳踝到阿里斯腱部份的製作上稍微下點功夫。至於小腿及大腿部份該製作到何種程度，這一點也很難判斷，筆者認為最好能做得細膩一點，使腿部曲線不會過於凹凸不平為佳。

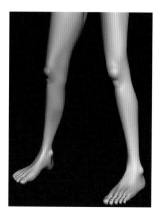

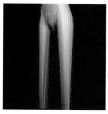 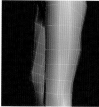

1 腳部也使用「接續Edge」功能進行細分，並調整形狀。首先將膝蓋分割成三部份，大腿部份則是分割為四部份，做出微妙的肌肉佈線。

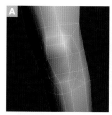 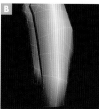

2 A製作膝蓋。由於膝蓋屬於形狀較複雜的部位，基本上將Edge切分成同心圓狀比較容易做出形狀。B製作小腿。將小腿橫向分割成三部份後，為製作小腿的小腿三頭肌突出的部份，先在4～10部份製作Edge，使其膨脹。

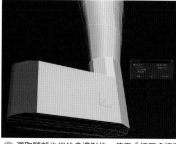 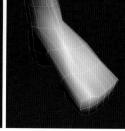

3 選取腳部尖端的多邊形後，使用「擠壓多邊形」功能拉出腳掌。接著將腳踝部份的多邊形區分之後，再選取整面多邊形，擠出多邊形來。這樣就完成了腳部的基底多邊形，然後將腳掌曲分成三部份後，調整形狀。

 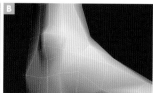

4 腳踝與膝蓋一樣，均是將Edge切分成同心圓狀後進行製作。為了讓多邊形更容易排成同心圓狀，就要改變多邊形的佈線。將圖A中的藍線部份刪除，並新增紅線部份後，然後如圖B所示切分Edge，做出腳踝部份。內側的腳踝位置比外側稍微高一點，使腳掌容易扭轉。

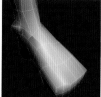 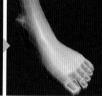

5 就這樣，將腳掌前端的多邊形擠壓出來，雖然也可以製作簡略的腳趾，不過在這次的範例中還是採用與手部製作相同方式，先製作一根標準腳趾，複製後再配合各指大小與腳掌合併。

手是表達人類感情最重要的部位。手的表情相當豐富，只要觀察手，就能夠了解一個人的人生。例如滿是龜裂的手指，就知道這個人過的很辛苦；細長的手指，則使人聯想到幸福的人生及開朗的生活。然而，想做出逼真且優美的女性手指並不簡單。如果做的太過逼真，就會使手指顯得相當粗糙，看起來像是男人或高齡者的手指。話雖如此，若手指過於細長則容易喪失存在感，因此在表現時必須謹慎地進行調整。

 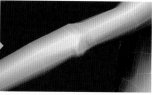

1 製作手臂。首先用「接續Edge」將手肘部份分割成三部份，並調整形狀。接著再增加分割做出形狀，製作手肘。由於多邊形數量太少，因此必須將多邊形進行縱向分割，做出肘骨突出以及凹陷部份。當手臂彎曲時，手肘外側的多邊形就會伸展，因此最好事先增加多邊形分割數。否則當手臂彎曲時，整個輪廓就會變得有稜有角的。

 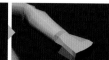

2 在製作手掌前，先將手臂稍微扭轉一下。將手臂前端不用的多邊形削除，接著選取輪廓的Edge後，一邊按住Shift鍵，同時點選「移動」功能來建立多邊形。然後一邊將新增的多邊形橫向進行細分，一邊將形狀調整為手掌狀。

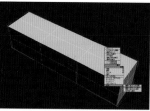 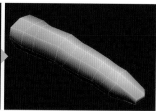

3 手指也是從立方體開始製作。將立方體切分為3、2、2區塊後，和之前一樣再轉換為「可編輯多邊形」。之後再細分多邊形，慢慢調整形狀。

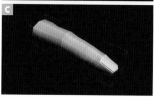 

4 A選取位於指甲的多邊形後，點選「Inset」功能在內側新增多邊形。接著點選「擠壓」功能，將多邊形稍微拉出來，再連續點選2次「Bevel（導角）」製作指甲部份的多邊形。剛開始也可以只使用「Bevel」功能來製作。之後，使用「連結目標」功能來合併頂點。如圖B所示完成之後，使用「移動工具」將指甲的部份稍微向下壓下去，如圖C所示做出指甲根部。D最後將各部分細分之後調整形狀。

5 複製完成後的手指後，貼在各指的位置上併排，並調整手指的長度及粗細。將完成的手與身體的多邊形「合併（Attach）」後，再點選「建立多邊形」及「連結目標」功能，使兩者合為一體。

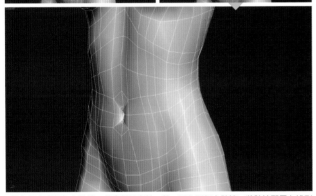

最後我們來製作身體的細節部份，將頭與身體組合之後即大功告成。雖然穿上衣服後就看不到身體細節部份，但只要身體細節做得越細緻，就能夠套用在泳裝這些場景上，因此不要偷工減料，繼續加油吧。在製作身體細節部份時，必須考慮到肌肉的造型以及活動時的形狀，因此重新配置多邊形佈線的作業也隨之增多。這裡所介紹的幾項作業，其內容幾乎都是透過細分多邊形及移動頂點來進行製作。

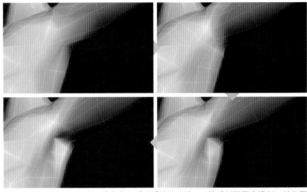

1 製作腋窩時，必須要一邊留意乳房到肩膀的曲線，一邊重新配置多邊形，然後再加以細分，在手臂水平舉起時加深腋窩內側的凹陷。而手臂根部以及前後側突出的肌腱，後側要比外側來的突出。此外，為了讓肩膀的多邊形在手臂放下時能夠自然變形，必須讓越上方的多邊形越偏外側。

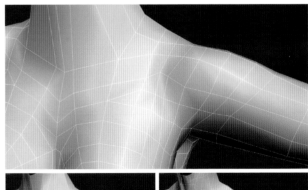

3 如果身體沒加上肚臍，就會形同青蛙一般，因此要加上肚臍。將肚臍配置在排列成同心圓狀的多邊形上，使同心圓中央部份凹陷即可。

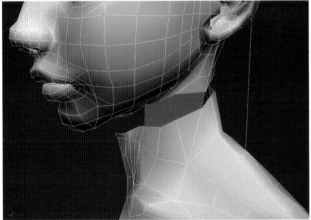

4 最後，將身體與做好的頭部及臉部組合之後即大功告成。使用3da Max的人，請先移除「Turbo Smooth」及「Symmetry Modifier」後，再將這二個物件合併起來。否則的話，多邊形的數量會變得太多，使頭部與身體很難組合起來。

2 製作鎖骨與頸部。首先增加Edge來製作鎖骨，接著製作鎖骨根部突出部份。然後再加以細分後製作頸部，最後再製作胸鎖乳突肌的突出、喉結部份。

重點3　多邊形的佈線

腋窩及股間均屬於形狀複雜，且活動時會嚴重變形的部位。不論是在建模時或是替模型添加動作時，都必須全神貫注，因此在製作腋窩及股間建模時，最好也一併考慮活動後的形狀，再來建立多邊形的佈線。製作腋窩時，一定要留意從乳房側面、肩膀、到背後的佈線，以及延伸到手臂的佈線，這是一大重點。此外，在製作股間時，一定要讓腿部前面的橫向佈線延伸到臀部內側的側面，這樣比較容易組合。

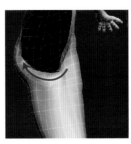

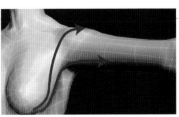

由於腋窩及股間的可動範圍較大，因此在製作動畫時也是形狀最容易變形的部份。故建模時，最好能留意動畫的動作來製作多邊形的佈線為佳。

透過在紙上繪圖將腦中模糊的形象具體化，
使形狀深植腦中，以利建模作業順利進行。

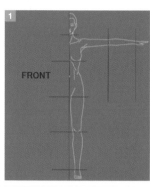

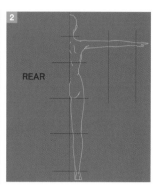

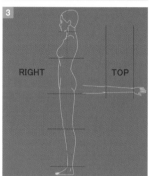

將腦中形象描繪出來

繪圖是將腦中的點子移植到紙上進行構想及檢視的作業，是製作模型的重要過程。再加上透過繪圖可以掌握設計上的細節，故能夠避免進入建模作業時陷入困惑或猶豫不決的局面。即使在進行其他的設計，最好也能養成事先畫出簡單草圖的習慣來掌握形狀。這次的設計是用途廣泛的裸體建模，為了因應各種場景，我們盡量採用簡約的服裝設計。製作方式則採取完成裸體模型後，再製作著裝版本（Costume version）。

製作模板

將模型設定為身高170cm，並考慮等身比例，做出模板圖像。長度與幅度的比例是1：1；至於解析度，只要容易操作，設定成任何數值都行。製作時，記得要考慮到各部位的比例，做出平衡感極佳的身體。■前面用的圖像。只保留右半身來進行建模作業，因此不需要畫出左半身。■背面用的圖像。如圖所示，腿部長度配置的比實際人類的還要長一點。■右側預覽用的圖像。同時也畫出手臂的TOP用畫像。

重視整體平衡構成的人體建模

建模的基本原則，就是
「不要增加無謂的多邊形」。
一邊留意優美的多邊形佈線，一邊製作
才是不二法門。
本文以人體為題材，在兼顧各部位的平衡感之餘，
同時學習如何掌握構成平滑佈線的技術。

須藤京一
本行是電影製作，最近幾乎都在從事電玩工作。
使用軟體：SOFTIMAGE | XSI

模板（Template）設定及製作粗略模型

建構做為參考的模板設定以及Symmetry（對稱）環境，製作粗略的模型。

03_製作粗略模型

移動立方體的頂點，使立方體能大致符合模板的身體。**1**點選〔t〕鍵選擇所需的頂點，再按住〔v〕鍵，使用Translation功能使頂點與身體貼合。**2**按住〔e〕選取縱向的Edge，接著按〔Shift+d〕來分割Edge。將Subdivision（細分）設定為6，並配合模板移動頂點。**3**製作頸部時，必須先按住〔u〕鍵後再選取上面的多邊形。接著按〔Ctrl+d〕來複製面之後，再按住〔s〕鍵轉換成Scale Mode，然後按住〔Alt〕鍵選取分界線的Edge來指定擴大縮小的中心。**4**由於使用Scale將面縮小後會移動中心，因此面會往中心部份縮小。**5**在此複製面之後，再拉出面成頸部。**6**頭部與頸部相同，都是重複複製、放大以及移動的步驟進行製作。**7**製作手臂前，必須先複製上肩部的多邊形，其製作步驟與頸部、頭部相同，然後橫向拉出手臂。**8**複製大腿根部附近的多邊形。一邊向下拉出，接著繼續複製多邊形來做出形狀。**9**大致完成整體模型後，一邊分割Edge，一邊沿著模板圖像提高密度。

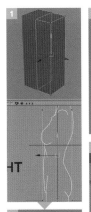

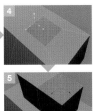

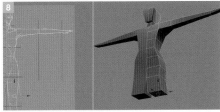
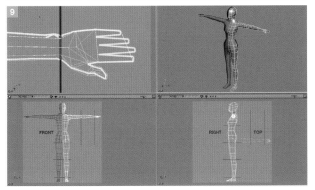
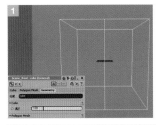

01_模板的配置

首先，在各預覽畫面中配置做為參考的模板圖像。**1**點選〔Primitive→Polygon→立方體〕，叫出一個立方體。長度則輸入170（1cm＝1unit）。**2**準備進行接下來的作業，點選〔y〕鍵後，選取左半身的多邊形再按〔Delete〕刪除。**3**將預覽的顯示模式當作Rotoscope（實拍轉描），讀取支援像。**4**在〔配置圖片〕項目中勾選〔固定〕，在寬度、高度以及包括空白部份的數值輸入176。**5**將Top、Front、Right等三個預覽畫面設定畫像。

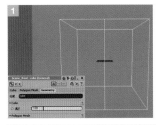
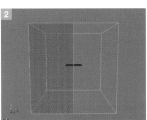
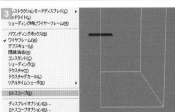
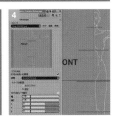
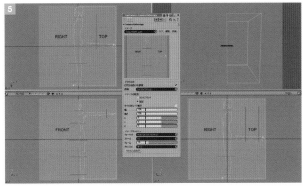

02_建構Symmetry（對稱）環境

由於人體乃是左右形狀相同的對稱體（Symmetry），因此我們將作業環境調整為單邊建模。**1**選擇Cube（立方體）後，點選〔模型→新增模型〕做出模型的節點（Node）。檔案名稱設定為"Sym_Model"。**2**在Sym_Model上點選〔Edit→複製／建立範例（Instance）→建立一個範例〕後，建立新的範例模型。接著在Scale輸入-1後，將整個模型反轉過來。**3**為避免選到錯誤的範例模型，就必須事先在〔Select→可／不可選擇→選擇物件的Toggle〕項目中，設定為禁止選擇。**4**只要移動右邊模型的頂點，左邊的範例模型也會出現相同的變化。

在頭部的粗略模型上做出眼、鼻、口,並加以細分,
接著製作眼球、睫毛及牙齒的模型,再貼到模型上。

03_ 製作各項物件時需注意佈線

將多邊形選取之後從各種角度來進行檢視,可以檢查出多邊形的佈線是否歪掉,進而提高準確度,使多邊形的佈線變平滑。之後如有必要,也可以再增加或刪除Edge。最後再製作眼球、睫毛、鼻孔、口腔以及牙齒這些部位,頭部就大功告成。 1 選取多邊形並作記號,來確認多邊形的佈線。如果佈線歪掉,就調整頂點。 2 將多邊形做成的眼球配置在眼睛後,沿著眼球周圍調整眼線。 3 調整鼻子的形狀後,複製鼻孔位置的多邊形後挖洞,做成鼻孔。 4 針對嘴部到口腔內的連結部份進行細分,並調整形狀。至於牙齒部份,則按〔n〕鍵做出多邊形板,配置在口腔內做牙齒。 5 睫毛也同樣使用多邊形板來製作,先按〔m〕鍵轉為Component調整模式後,再按住〔Ctrl〕鍵使臉部模型的眼線服貼。

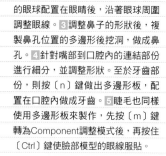

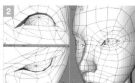

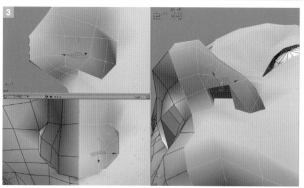

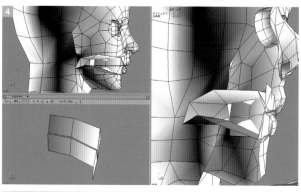

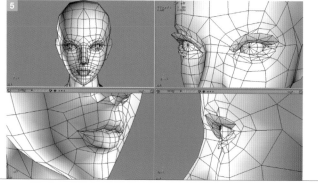

01_ 製作頭部物件

首先粗略製作鼻、眼、口這些部位。 1 為了使鼻子突出,必須先將周圍的Edge利用〔￥〕鍵的AddEdge工具新增(①),並新增接續Edge(②、③)。 2 按〔Ctrl+d〕複製鼻子部份的多邊形,往前面的方向移動後再拉出來。 3 在眼睛周圍新增Edge,並選取多邊形。複製後,先用Scale縮小再進行複製,將多邊形往內部壓,做出眼眶。嘴部也以同樣的方式處理製作。 4 在耳朵周圍新增Edge,並複製多邊形。然後橫向移動拉出多邊形。

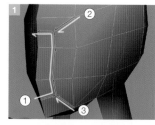

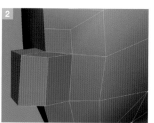

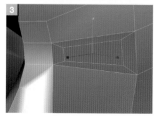

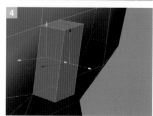

02_ 細分頭部多邊形

粗略選取頭部的Edge,同時進行分割。接著移動頂點調整形狀,並使用AddEdge新增Edge。如有出現多餘Edge時,則先選取Edge再按〔Delete〕刪除。在細分多邊形時,一定要特別留意多邊形的佈線,使多邊形能夠平滑地分佈。在眼、鼻、口、耳也同樣進行分割。藉由增加或刪除Edge來增加細分多邊形後的密度。 1 先按住〔e〕鍵選取複數條適當的Edge,來細分頭頂部份的多邊形。 2 按〔Shift+d〕鍵針對複數Edge同時進行分割,以增加多邊形密度。 3 按住〔t〕鍵選取新增Edge部份的頂點,然後移動到上方。 4 在新增的Edge再增加連結用的Edge,注意周圍多邊形狀態的同時,重新配置整體的Edge。

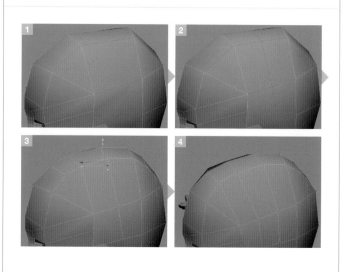

3　製作身體

將粗略模型的身體細分後調整形狀，
完成充滿女人味的渾圓身體曲線。

02_ 形成女性化的身體曲線

胴體是展現表現、展現女性特徵最重要的部份。然而如果製作時特意將女性特徵誇大的話，反而會呈現出平衡盡失且醜陋的身體曲線。因此一定要注意維持自然的身體曲線，最好保持各部位適當的接續性。尤其要特別留意胸部、腹部及臀部，才能夠描繪出自然美麗的線條。此外，頸肌到鎖骨這部份也是展露女人味的重要要素。■一邊參考模板圖像的身體曲線，一邊修飾最小限度所需的多邊形。■決定多邊形走向時，必須要考慮到肌肉走向以及骨骼的影響。■要特別注意身體前半部的胸部、肋骨、腹肌，以及身體背面的背肌、背骨、臀部這些部位的多邊形面的佈線。■尤其是耳朵下方附近到鎖骨之間的肌肉佈線、以及胸前到肩膀之間的鎖骨突出部份，要特別留意。■想要做出線條自然的臀部，舉凡臀部體積、與大腿的連續性、以及中央股溝的起始位置等要素都相當重要。

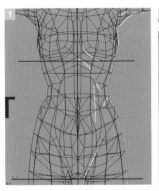
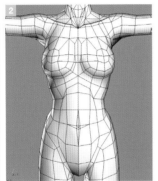
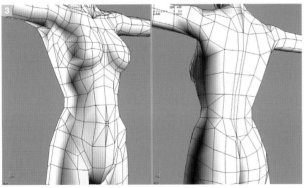
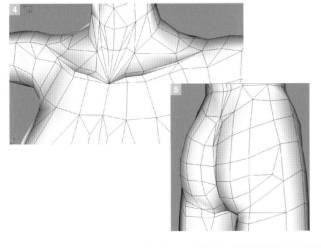

01_ 細分身體

由於模型整體密度不足，使模型線條呈尖角狀，因此必須增加Edge使身體曲線渾圓，呈現出近似人類且有女人味的身體曲線。腰部及胸部方面，先選取周圍的Edge同時進行分割，使身體呈現渾圓的線條。此外在製作身體背面時，在Front View的模板圖像上設定背面圖像，將身體前面部份設定為不顯示，以方便作業。當背面作業大致完成後，再恢復身體前面部份的顯示，一邊檢查整體模型的平衡感，一邊進行調整。■按〔e〕鍵轉換成Edge的選擇模式，再按〔Alt〕鍵+右鍵叫出功能選單，點選〔選擇平行Edge Loop（循環邊）〕。■只要先選取腰部周圍的一條Edge後，就能夠同時選取腰部周圍的Edge，然後再按〔Shift+d〕進行分割。■與製作粗略模型的方式相同，先移動中心，再使用Scaling功能來調整分割過的部分。■選取胸部周圍的Edge後，按〔Shift+d〕進行分割。■新增Edge以連接分割過的Edge，然後移動頂點並調整形狀。■先選取身體前面部份的多邊形，按〔h〕鍵設定為不顯示後，再製作背面部份。■將身體前面部份的模板圖像替換成身體後面圖像。■一邊參考模板圖像，並按照相同的方法完成身體背後模型。

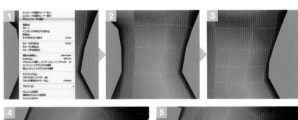
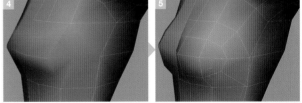
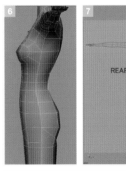
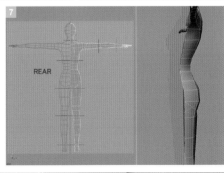
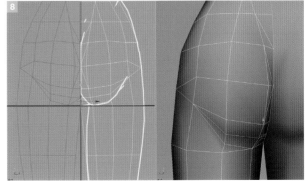

手腳與身體構造不同，因為沒有內臟，因此製作時必須考慮到骨骼與肌肉會如何影響手腳的形狀。

03_ 製作手腳時也要考慮到骨骼的影響

一邊參照模板，一邊注意肌肉的走向及體積來製作並調整形狀。特別是手腳方面，除了肌肉以外，同時也得留意骨骼所造成的突出及佈線進行處理。此外在加入骨架時，記得在避免各關節部份的多邊形出現破綻的狀況下，調整分割部份也相當重要。1 沿著模板圖像，注意不要增加無謂的多邊形。2 一邊注意肌肉及骨骼的佈線，一邊藉由多邊形的佈線來呈現纖細的膨脹及凹陷部份。3 骨骼與手部相同，藉由參照模板來調整出流暢的線條。4 足部要特別留意膝蓋以及膝下部份。膝蓋及其周圍的形狀以及小腿彎曲部份的骨骼線條，是必須注意的重點。

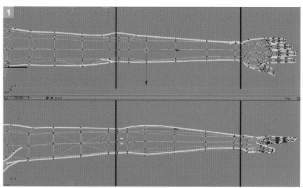

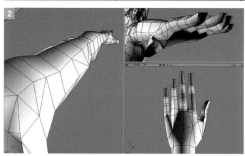

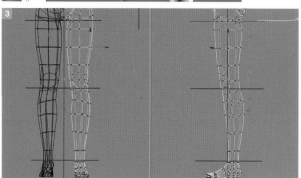

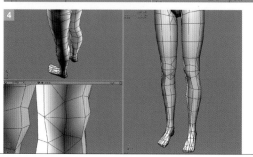

01_ 製作手指的雛型

製作在粗略的模型上尚未動工的手指。1 先選取粗略製作的手指部份的多邊形區塊，然後按〔Delete〕鍵刪除。2 將刪除多邊形後所留下的空缺用多邊形來填補，接著選取上下的Edge，按〔Shift+d〕來進行分割，做出手指的根部。3 選取多邊形後，按〔Ctrl+d〕鍵進行複製。接著將多邊形移到外側，使用Scale來調整手指粗細。4 移動頂點及多邊形後，配合模板來調整形狀。5 選取手指部份的Edge，按〔Shift+d〕鍵分割出關節部份的Edge。

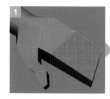

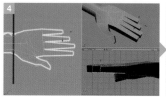
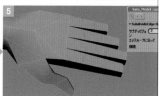

02_ 製作腳趾及靴子

腳趾的作法與手指相同。由於足部並沒有製作腳趾的塊狀部份，因此腳趾的製作先從分割開始著手。1 先分割Edge做成腳尖，接著與手指作法相同，將腳趾的區塊部份的多邊形刪除後，再用多邊形填補空缺。2 分割出五根腳趾的Edge後再複製多邊形，一邊調整Scale，一邊往趾尖拉出多邊形。3 移動頂點及多邊形並調整形狀。由於腳趾並不明顯，因此不用加上關節。4 按〔Polygon Mesh→抽出（保持）Polygon〕功能切掉整個腳掌，用來製作服飾用的靴子。5 以切割出來的腳掌為基底，製作高跟短靴。

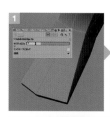
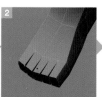
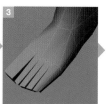
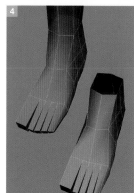

製作頭髮、Texture Work 及完工

在頭部及身體設定Texture（紋理），最後將半身模型反轉、複製、再合併，即大功告成。

02_ 臉部及身體的 Texture Work

在臉部及身體模型上設定Texture。■筆者是在Z方向貼上UV（貼圖軸）後，然後使用Texture Editor的Local Projection在X方向投射出側臉部份。②貼上裸體模型用紋理的模型。③以裸體的紋理為基礎，製作服飾用的圖像。

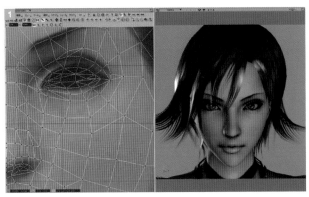

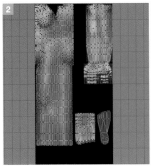
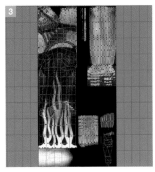

03_ 合併（Merge）模型，大功告成

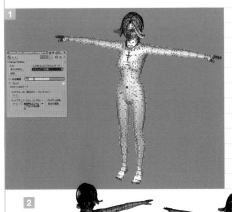

設定好頭部及身體的紋理後，將半邊模型與使用左右對稱所複製的另一半模型合併後，完成全身模型。■使用〔複製對稱〕功能將半身模型反轉複製，然後使用〔Polygon Mesh→Merge〕功能將模型連同素材一起合併。②完成了整體模型。

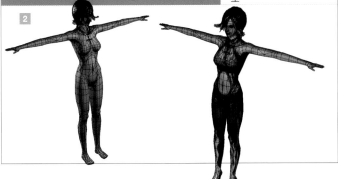

01_ 使用色板及紋理製作頭髮

先在Polygon Mesh的色板模型設定Texture UV之後，再進行頭髮製作作業。這是因為如果建模後才設定UV的話，就必須針對扭曲的模型進行複數設定。■首先使用繪圖工具（Draw Tool）製作附有Alpha Channel（譯注：PNG 檔案支援透明度）的圖像。這個圖像是用三種髮束來繪製（細髮束、粗髮束、只有後腦杓附近的髮梢會變透明的髮束）。②取出Polygon Mesh的網格（Grid），使用〔Material→Phong〕來設定Material。之後，使用〔Texture→Image〕來指定紋理，並配合Mesh調整UV。③在頭部配置色板，一邊移動頂點一邊替色板加上走向。接著按〔Ctrl+d〕複製模型，做成右半邊。④完成單邊頭髮之後，全選並按〔Edit→複製／製作Instance→對稱複製〕，反轉後再複製。⑤選取整個頭髮，點選〔Primitive→Lattice（控制線）〕設定格線。⑥選取格線的頂點後，將頭髮的分邊向右移動。⑦配合移動後的分邊，配置較細的瀏海。最後在從3種髮束類型中，選擇最適合各色板模型的體積之Texture UV，即大功告成。

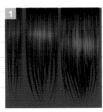

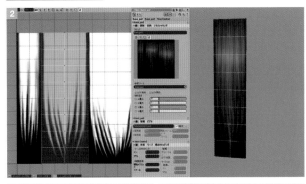

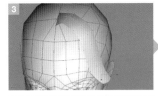
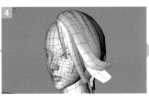

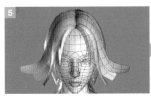

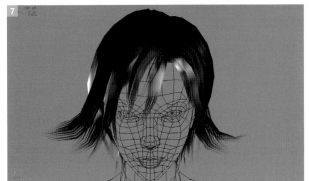

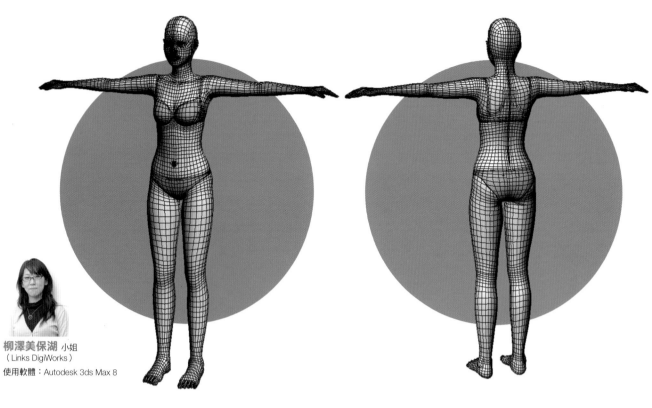

柳澤美保湖 小姐
（Links DigiWorks）
使用軟體：Autodesk 3ds Max 8

訪問Links DigiWorks
製作動畫人體建模的要點

在工作現場進行建模時，除了要做出形狀漂亮的模型之外，同時還得考量到之後進行使其「動作」這項作業來製作模型。為此，本文在Links DigiWorks的協助之下，也將為各位介紹職業級的建模活用技巧。

除了介紹以動畫為前提的模型製作方式之外，也將為各位介紹職業級的建模活用技巧。

橫跨電影、電玩遊戲等各種領域的建模

協助採訪的Links DigiWorks（以下簡稱Links）為橫跨電影、電視廣告，電玩遊戲等影像領域的製作公司。其中最令人記憶猶新的，就是經手電影「多羅羅：天下之戰」的VFX製作（參見《CGWORLD》2007年2月號第一特集），以及在High-end影像領域持續活動。

像Links這種承包各種領域CG製作的製作公司，其建模的製作程序不可能一成不變，必須配合發案者所提出的各種條件進行製作。比方說以剛才提到的「多羅羅：天下之戰」為例，在設計階段時必須先準備好妖怪形象立體化後的造型物，以其3D掃描檔案為基準進行建模作業。此外，在電玩圖形（Graphics）的角色製作方面，有時也會先準備

描檔案為基準進行建模作業。此外，在電玩圖形（Graphics）的角色製作方面，有時也會先準備

好完成粗略形狀的素體模型，並非從零開始製作物件，而是採用一邊調整素體模型，一邊製作的模型。這個樣本模型，接下來柳澤小姐將使用模型。接下來，柳澤小姐將使用這個樣本模型，介紹「成功製作動畫的人體建模技術」的主要技巧。

話雖如此，但對於一個建模師來說，具備從零開始塑形的能力仍是不可或缺的條件。本文訪問到在Links負責講授新進職員建模教育的柳澤美保湖小姐。柳澤小姐說，「我們透過讓新進設計師一邊拿著貝殼裝飾品進行觀察，一邊製作3D模型的作業，使他們練習建模的基礎。」在3D空間中正確無誤地重現立體物品的能力，是建模師理應具備的基本能力。

那麼在達成這項基本功夫之後，在實際作業所需的建模技巧又有哪些呢？

製作模型時從第一步到完成設定都要慎重考慮

位在本頁上方的人體本模型，是柳澤小姐專為本文提供的模型。接下來，柳澤小姐將使用這個樣本模型，介紹「成功製作動畫的人體建模技術」的主要技巧。

這些技巧當中，從製作人體動畫時可避免服裝干擾的Mesh（網格）的切割法這種基本建模方法，到調整肩膀、大腿根部及手部的關節權重（Weight）等設定的相關話題等，應有盡有。不過，既然「動作」與「形狀」二者的關係密不可分，那麼根據設定來進行建模也就成為理所當然的事。

從下一頁開始，柳澤小姐將使用這個模型，為各位介紹她在工作時常用的「建模要點」。

考慮到受到服裝影響身體部份的 Mesh

將泳裝這類與肌膚緊密貼合的服裝做為另外的物件，讓人體模型穿上時，一旦製成動畫之後，就會經常發生肌膚就會從泳裝露出來、物件之間相互干涉等狀況。因此，柳澤小姐在建立人體模型的身體曲線時，就會事先配合服裝線條來製作多邊形的走向。柳澤小姐說，「為避免發生物件干涉問題，雖說只要將

Mesh（網格）分得比較細就沒問題了，但實際上並無法如此。如範例所示，身體的多邊形佈線乃沿著服裝線條進行調整。如此一來，就容易做出因調整權重（Weight）以及壓迫所造成的痕跡了。」這個技巧不僅適用在泳裝上，同時也可應用在披風、戒指、以及手錶等。

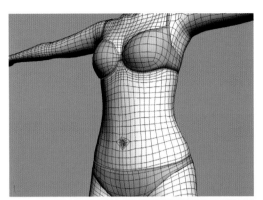

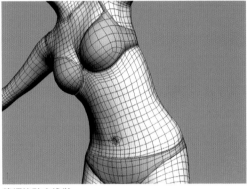

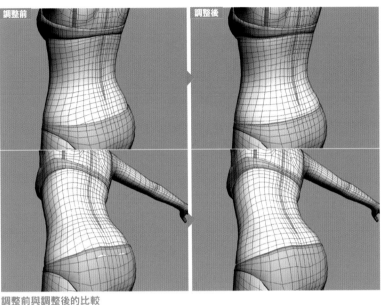

調整前與調整後的比較
上圖為使前述模型活動後的結果。左圖為線條調整前的圖像，肌膚從泳褲裡露了出來。右圖為調整後的圖像。由於身體的網格沿著泳裝的線條分佈，即使讓模型活動也不會破壞形狀，並維持泳裝的痕跡。這種技巧套用在身材豐滿的人物角色上，更能發揮效果。

使網格貼合泳裝
上圖為女性角色的範例。身體的多邊形走向並不是根據人體形狀來製作，而是沿著泳褲及比基尼上衣的輪廓來製作（參見上圖的紅線部份）。這麼一來，就能夠減少模型做大動作時出現的破綻，同時具有容易做出壓迫造成的痕跡，且能漂亮地調整權重（Weight）等優點。

調整肩膀周圍的多邊形

舉凡肩膀等活動性大的關節部位，不論是將手臂上下擺動，或是多邊形嵌入腋窩及肩膀裡時，隨著肢體的大動作造成模型形狀出現破綻的情況相當常見。如果只靠一般調整權重（Weight）還是會出現許多難以修正的部份，因此在這次的範例當中，在Skinning（蒙皮）階段使用Morph Angle Deformer（變形角度變形器），將手臂舉起來以及放下時的形狀各自登錄，將肩膀調整為即使做出大動作也能夠保持完整的形狀。柳澤小姐說，「如果只有調整權重的話，雖然形狀上不會出現任何問題，但有些範例卻會受到骨骼的影響無法做出漂亮的形狀。因此在特別明顯的部份，我們就要像這樣進行細微的調整。」

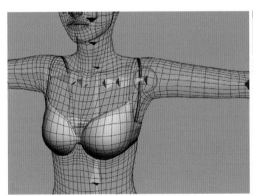

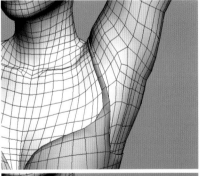

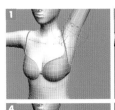
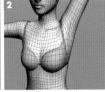

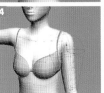

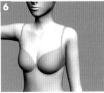

使用Morph angle deformer進行修正
1 手臂向上舉的狀態。使用Morph Angle Deformer（變形角度變形器）來修正形狀。2 修正後的圖像。紅線部份是腋窩的凹陷部份。修正前，連同腋窩的凹陷處有皺摺部份的頂點也一併編輯，做完善的修正。3 此為在修正後的部份使用Mesh Smooth後的圖片。4 使用Morph Angle Deformer來修正手臂下垂的狀態。將肩膀的輪廓以及凹陷的腋窩進行調整。5 修正後的狀態。6 此為在修正後的部份使用Mesh Smooth後的圖片。

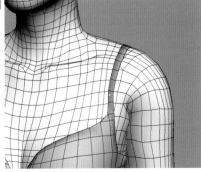

製作動畫時形狀崩壞
將肩膀骨骼如左上圖所示配置。右圖則是分別讓手臂向上、向下擺動，如有發現模型形狀有出現破綻便立即進行修正。

大腿根部與肩膀一樣，屬於活動性大的關節之一。因此，例如將腿部向前抬起時，若進行單純的Skinning（蒙皮）作業的話，大腿根部就會大幅往腹部凹陷；而大腿向外張開時，大腿根部的Mesh（網格）就會變皺，甚至造成腿部形狀變形。因此在這次的範例中，從髖關節到大腿這部份的腿部動作與肩膀一樣，我

們也使用Morph Angle Deformer（變形角度變形器）來調整形狀。

柳澤小姐說，「製作基本的人體模型時，必須預先構思如何對這個動作進行修正，使多邊形分割後變得容易編輯。」

腿部調整前與調整後的比較

下面上排圖片為大腿向外張開的狀態。在調整前的圖片中，當腿部一活動就會使網格聚集，使腿部形狀凹陷下去。這個只要使用Morph Angle Deformer進行修正，就會如同調整後的圖片一樣恢復成平滑沒有凹陷的形狀。如下排圖片中腿部向前抬起時也是一樣，只是進行單純的Skinning（蒙皮）作業就會造成大腿根部往腹部凹陷，只要使用Morph Angle Deformer來修正就能恢復形狀。

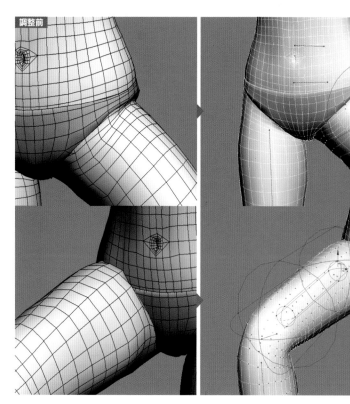

調整前

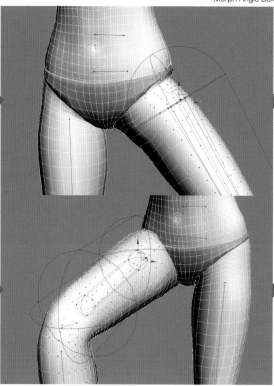

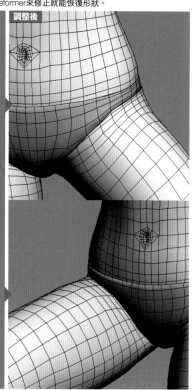

調整後

Column 三角多邊形的操作方法

隨著電影及次世代電玩等進入高階平台時代，在製作人體這種有機體模型時，就必須使用Mesh Smooth來製作出更平滑的形狀。然而，如果使用的模型含有三角多邊形時，該部份可能會略顯雜亂。「像人體這樣動作大且必須呈現出平滑質感的模型，如果使用Mesh Smooth的話反而會使三角形略顯突兀，因此Mesh Smooth不適合處理三角多邊形。」因此柳澤小姐說，針對有出現三角多邊形的部份，之後盡可能修正為四角多邊形。

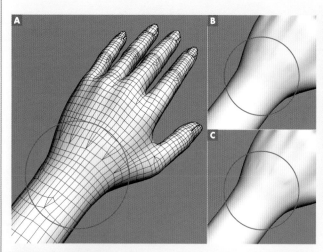

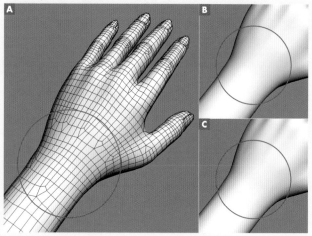

三角多邊形的顯示結果
Ａ三角多邊形位於手背的狀態。在紅色圓圈中即出現三角多邊形。Ｂ三角多邊形部份的網格看起來顯得有些雜亂。Ｃ使用Mesh Smooth的狀態。三角看起來特別明顯。

四角多邊形的顯示結果
Ａ將原本是三角多邊形的部份修改為四角多邊形。Ｂ比起三角多邊形的圖顯得平滑多了。Ｃ使用Mesh Smooth的狀態。

多邊形的走向要配合手部動作

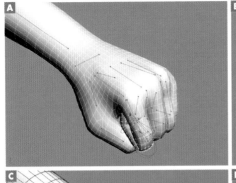
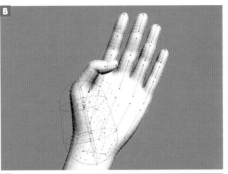
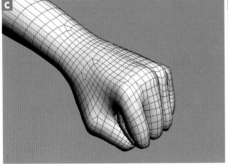
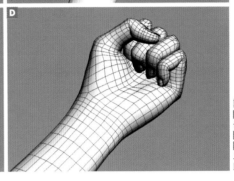

為避免手指關節彎曲時像橡皮軟管般變形，必須比照肩膀及腿部關節進行權重（Weight）調整。此外由於手部有許多慣有動作，因此在進行手部建模時，先考慮出手部動作再做出多邊形走向也就變得相當重要。

「比方說，當手握住大拇指時，在切分網格（Mesh）時要多下點功夫，記得將連結大拇指與食指的線條等呈現出來。因為很難在設定的階段才大幅地修改模型，所以事先考慮到要進行的動作後再製作，這點十分重要。」，柳澤小姐說。

調整權重與完成模型
A調整權重（Weight），避免手指彎曲時關節會變形成奇怪的形狀。同時確認骨骼的位置以及多邊形的佈線。**B**大拇指向內側彎曲的狀態下，仔細修正大拇指根部。**C**修正後的圖片。事先意識到骨骼的位置來切割網格，以避免手掌活動時形狀出現破綻。**D**手部內側的狀態。即使手指關節彎曲了，還是能保持原有形狀。

UV Mapping重點

接下來我們稍微離開建模作業的話題，下面要介紹的是，我們在這次的範例的UV Mapping方面也加了一道功夫"使成品更完美的技巧"。此即拉近連結紋理與紋理間的UV交界。也就是在基本UV的交界上，藉由將使用Gradation Ramp做成的透明Map重疊後，使UV的交界變得比較不明顯。柳澤小姐說，「雖說只要能用Texture畫出漂亮的UV交界的話就沒問題，實際上卻相當困難。像人體這種必須在範圍廣大的模型上呈現出相同顏色與質感的範例，這個方法效果相當好。」

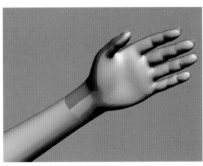

基本UV（全身、手臂）
使用色彩清楚區分全身及手臂的UV。在身體各部位各自套用合適的UV，例如頭部是圓柱狀、手腕是圓柱狀、手掌為平面等。右圖手的UV中，由於手心與手背部份的紋理相異，因此如圖所示用顏色做區分。

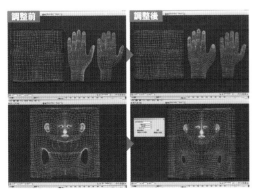

展開後的修正UV
上排圖片為手掌的UV，下排圖片為頭部的UV。展開後，修正交界中不協調的部份以及網格重疊的部份。在修正後的圖片中，一邊仔細地移動頂點，一邊使用Relax功能來修正手腕的交界線部份、手指及指甲重疊的部份、以及眼皮、耳朵、下巴、肩膀重疊的部份。

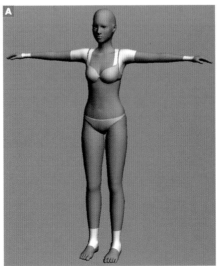
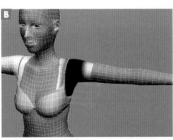

Map Channel的套用
A基本UV的設定。在肩膀及手腕等出現UV的交界。為避開交界，在圖中白色部份套用新的Map Channel，同時維持基本UV。**B**使用Gradation Ramp做成的透明Map。在基本UV上面疊上一層輪廓模糊的Map，使交界變模糊。**C**在Map Channel套用2種UV。圖中雖用色彩做清楚的區分，交界處卻巧妙地融合在一起。

Modeling 3

製作眼周

製作眼周細節部份。在雙眼皮以及眼角的部份增加Edge，以調整出銳角感。此外，使用Extender Plus沿著眼眶內部擠出多邊形，製作放入眼球的部份。先將做好的眼球配置其中，再做細部修正。

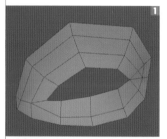

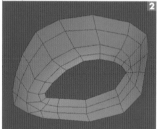

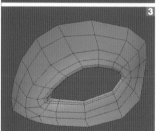

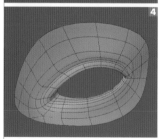

沿著眼球調整形狀

Modeling 2

頭部建模

將分割好的立方體正面進行加工，使多邊形圍繞在眼眶及嘴部周圍。使立方體粗略變形成頭部形狀後，再增加多邊形的分割數。實際上我們只製作半邊臉，因此記得時常使用Mirror Copy（鏡射複製）來調整臉部平衡。只要雙眼之間的距離或位置等稍有不同，就能會大幅改變人類臉部給人的印象，因此作業時要非常慎重。最後就完成與人類一樣左右不對稱的臉部了。

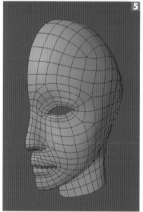

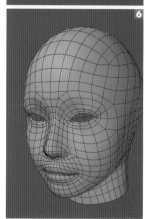

在立方體上增加最小限度的Edge來調整臉部

用CG來製作人物
花與女孩

少女靜謐地佇立在前。
用建模及紋理來表現出少女
如出水芙蓉般優雅的風貌。

　　本篇以女性的堅強溫柔、以及強而有力的美感為概念，來製作年輕女孩。藉由女孩率真凝視的目光表現出堅強、將手輕抵胸前的動作表現出溫柔，並增添花朵，來表現出美感及季節感。
　　本範例使用多邊形建模，來表現從臉部到身體的柔軟線條。至於皮膚紋理，則如化妝般加上陰影。當然也要畫上眉毛，不過是在使用Modeler製作的前提之下。頭髮、眉毛以及眼睫毛都是使用Sas-lite製作的。此外，由於主要畫面只擷取到胸前，因此上半身必須做得比較精細。

範例・文●川岡七郎
人物製作真的是相當困難的主題。
也因此，建模還有許多尚未開發的領域，
也將成為今後進步空間更寬廣的領域。
使用軟體
LightWave3D [8]、Photoshop 7

臉部建模

Modeling 1

準備眼球

為了製作眼皮所需，必須事先準備眼球。先做一個球體，使水晶體的部份向內凹。使用Thiken來為透明材質的水晶體增加厚度，再配置到眼球前面。

編輯球體做出形狀

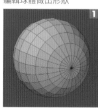

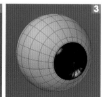

完成臉部模型

待各部位建模完成後，再重新檢視臉部整體。例如需要修飾成柔和曲線的部份等，則增加Edge進行編輯。

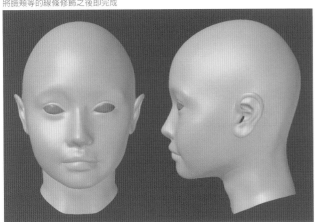

將臉頰等的線條修飾之後即完成

身體建模

全身建模的佈線

將立方體分割後，擠出並拉長做成手、腳以及頸部。參考實際人體的全身圖片來取得平衡感。此外，必須考量製作的人體模型的年齡及性別來想像完成圖。

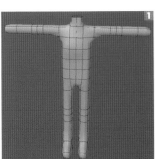

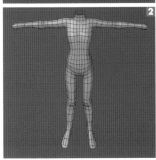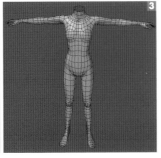

剛開始就要決定好手、腳等的長度

嘴部周圍的建模

在頭部的建模當中，由於大致的形狀已經成型了，只剩下增加Edge以及細節部份。只要做出上唇邊緣以及嘴唇兩端的凹陷感，即大功告成。不過，如果不小心操作嘴唇兩端部份的Edge的話，很容易使Edge變得雜亂，因此作業時要注意保持平衡感。

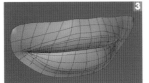

在嘴角的部份增加Edge，調整出稍有銳角的感覺。

耳朵的建模

由於耳朵的結構錯綜複雜，製作過程非常繁複，如能留意耳朵外緣的佈線，沿著外側旋轉至內側比較容易製作。話雖如此（以筆者製作的各種建模，特別是指人類以及有機物的模型），實際上所用到的都是一點一點地增加頂點及Edge、或是稍微移動各個頂點等基本技巧。首先先增加最小限度的Edge做出耳朵大概的形狀，然後再耐心進行調整。

大略做出耳朵的凹凸部份

鼻子的建模

增加Edge使鼻頭顯得更立體。使用Edge Bevel來製作既便利又簡單，但由於鼻子是非常容易失去平衡的部位，因此進行作業時要特別慎重。鼻孔是使用Bevel（導角）功能往內側挖洞做成的。

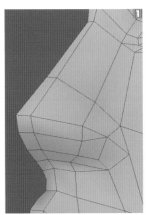

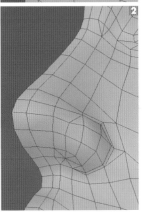

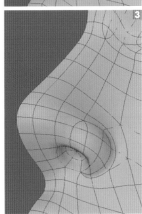

臉部的輪廓也要在保持平衡的狀態下進行編輯。

Modeling 12

腳趾的建模

由於足部有穿高跟鞋，因此製作時要做出角度。沿著踝關節的腳踝及阿基里斯腱的形狀來製作。增加足部模型的Edge，做出形狀簡單的腳趾，然後將腳趾根部部份切掉。接著，將之前做好的手指裁短後再連結到足部上。

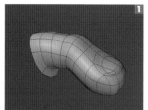

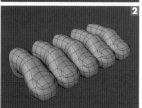

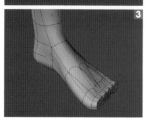

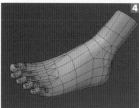

從腳趾根部到腳趾的部份必須要做細部的編輯

Modeling 11

腿部的建模

腿部與手臂的作法相同。由於腿部上方有穿褲子，因此只有膝蓋的形狀製作時要特別留意；另外，還要避免大腿的長度以及小腿長度失衡。

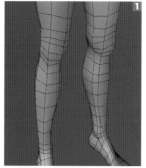

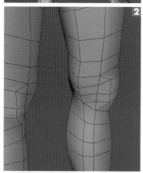

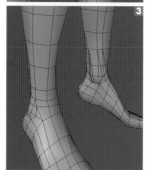

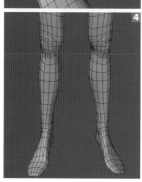

膝蓋部份一定要呈現圓弧形

Modeling 10

手掌的建模

首先從一個四角柱開始製作一根手指。增加手指關節部份的分割數，做出突出的關節骨骼，最後再加上指甲即完成。接著複製多根手指，連結在用立方體做成的手掌本體上，並保持整體平衡。將複製手指的長度、粗細、關節寬度進行調整，做出逼真的手掌。

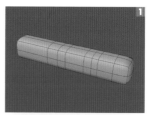

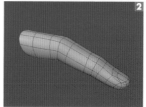

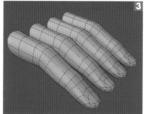

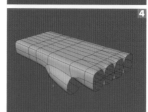

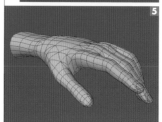

由於手掌有細部的關節，因此稍微多增加一點Edge來進行調整

Modeling 9

肩膀及手臂的建模

建模時，要特別留意肌肉及骨骼形狀。只要仔細順著各部位形狀的佈線製作鎖骨及肩膀隆起的部份、手肘及手腕骨頭突出部份，就能夠做出高低起伏的感覺。不僅如此，也能夠重現女性略顯鬆弛的二頭肌以及美麗的鎖骨線條。

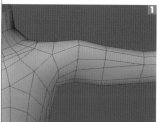

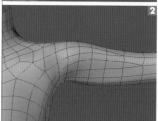

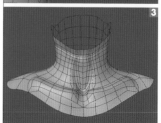

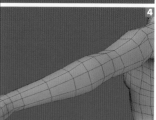

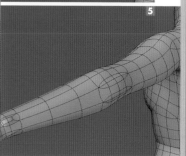

增加手肘的圓潤度使手臂顯得更逼真

Modeling 16
牛仔褲的建模

製作下半身服裝。雖然是牛仔褲，但也要配合腿部形狀做出粗略的模型。先將立方體進行分割，做出大概的形狀後，再增加Edge來調整形狀。

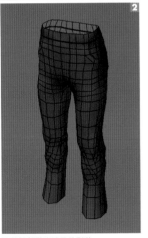

沿著腿部做出褲子的形狀

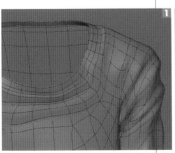

將做好的模型重新編輯

Modeling 15
製作襯衫

首先簡單做一件長袖襯衫（剛開始時，將身體加上Collision後用Cloth FX進行物理計算，但卻無法做出理想的皺摺，因此必須靠手動將建模轉換方向），接著增加模型的分割數使衣服符合身體形狀，再使用Layout簡單地組裝骨架並決定姿勢後，再寫出變形的模型，最後再加入皺摺。

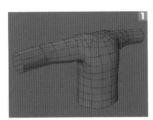

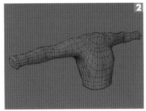

簡單地將襯衫建模

置入骨架擺出姿勢

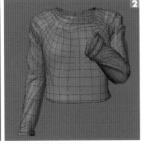

Modeling 13
完成身體模型

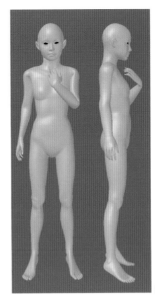

身體建模結束後，與頭部連結，並確認整體模型。一邊檢視整體模型，同時修正需要修改的部份。

調整整體平衡感後即大功告成。

衣服建模

Modeling 14
連身裙的建模

製作連身裙。不要讓多邊形的佈線與衣服的皺摺完全符合。另外，只在有必要的地方增加Edge做出不規則感，盡可能讓連身裙的形狀不要太整齊。尤其是當越多三角多邊形混雜其中時，就無法完全使用SubPatch功能，必須重新增加多邊形來進行調整。

將立方體加工後做出大概的形狀

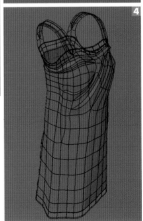

製作
臉部紋理、
頭髮及眉毛

Texture 1

製作臉部皮膚

參照UV參考圖，製作臉部的基礎紋理。首先塗滿膚色。接著在部份的紋理上點黃色，在臉頰等上點紅色後即完成臉部基底。接著將在Web網站上找到的肌膚樣本圖片當作磁磚，做出肌膚細紋。

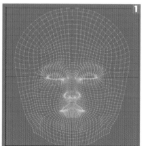

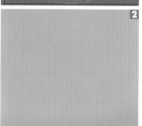

做成肌膚

細紋素材

Modeling 19

完成身體模型

服裝的建模結束後，檢視整體模型。這次所介紹的是靜止的圖像，因此必須注意姿勢，針對需要修改的部份進行修正。

擺好姿勢並進行修正

Modeling 18

花的建模

如標題所示，接著來製作另一個主角——鮮花。花瓣部份是使用Nurbs來製作。為了凸顯人物主體，因此雖然最後必須放大景深（depth of field，DOF）使鮮花變模糊，但還是要仔細製作。一邊維持平緩的曲線，同時製作葉、莖的部份。最後組合各部位進行調整。

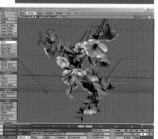

為了凸顯人物主體而製作的鮮花

Modeling 17

製作涼鞋

鞋底沿著足部的形狀來編輯多邊形。鞋帶的部份也是新增板狀Edge後，做出簡單的形狀，並增加厚度。腳跟部份也是採用相同的作法。

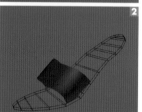

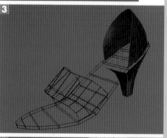

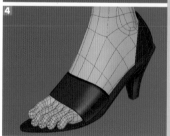

沿著足部，以最小限度的多邊形來製作

Texture 5

眉毛的紋理

眉毛是最後再使用Sas-lite（簡易版Sasquatch）來製作的，因此描繪時就如同實際化妝一樣輕輕一畫。此外，在此同樣使用前項所使用的毛孔素材，事先在眉毛周圍重疊上去。

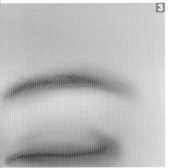

如同實際化妝一樣輕輕描繪

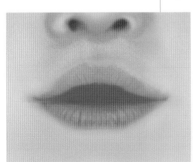

Texture 4

描繪嘴唇

首先畫出嘴唇，並微妙地改變顏色來上色。接著來畫唇紋。使用一般的筆刷並改變粗細，畫出左右不對稱的唇紋，這是一大重點。另外嘴部周圍的細紋方面，必須意識到毛孔，重新製作上有凹凸顆粒的紋理。在使用50％灰色塗滿的圖層（Layer）上點選「濾鏡→小皺紋」，並加以霧化後，再使用Alpha Mask重疊在重點地方。雖然無法呈現實際毛孔的收縮感，但由於毛孔並不明顯，因此可以創造微妙的表情。

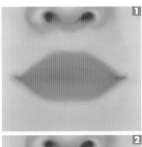

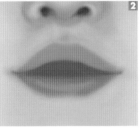

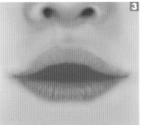

盡量避免使用單色來繪製

毛孔素材

完成

Texture 3

鼻子的紋理

與眼睛的畫法一樣，同樣在鼻子周圍加上陰影，在鼻翼邊緣以及太陽穴附近增添濃淡色彩，描繪時記得留意隆起的部份。為避免在鼻子上出現太多細紋，因此在「製作皮膚」的項目中，在重疊的細紋上新增Alpha Mask，然後再去除細紋。

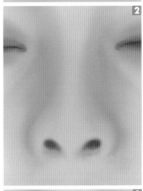

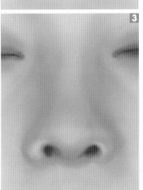

鼻子輪廓的部份稍微畫得深一點

Texture 2

描繪眼周

仔細描繪眼周的細節。首先，像上眼影一樣畫上陰影。接著重現眼睛周圍的細紋走向。使用Photoshop濾鏡（Filter）「擷取」在上個項目中所使用的肌膚圖片，使圖片如同使用魚眼鏡觀看般地膨脹變形。將弧度適當的細紋與上下眼眶重疊，然後在下眼皮上再稍微描繪一些細節即完成。

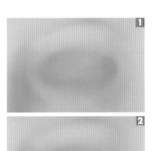

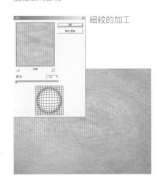

描繪眼周部份

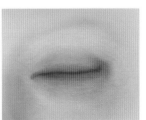

細紋的加工

完成

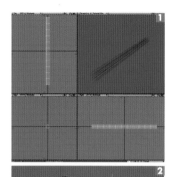

Texture 8

製作頭髮

我們來挑戰製作使用可用在Layout上、以及Spline Control的Sas-lite（簡易版Sasquatch）用的頭髮參考線。在Modeler中複製許多條直的曲線，由於只將頭髮轉換為Sas-lite用的線多邊形，因此可以簡化建模作業，在Layout上能夠立刻變更形狀。藉由上述步驟，可以大幅提昇作業效率。然而有時會發生突發狀況，因此視情況所需，可能會與Modeler一起併用。

使用Sas-lite製作頭髮

Texture 9

製作眉毛及
眼睫毛

由於眉毛與眼睫毛必須仔細地做出符合的形狀，因此這裡使用可隨心所欲操作的Modeler進行手工作業。之後，再轉換成線多邊形，做為Sas-lite用的參考線。

使用曲線製作眉毛及眼睫毛

Texture 7

眼球的紋理

瞳孔的紋理是使用HyperVoxeis的Turbulence所描繪的圖製成。眼球的毛細血管只需畫好一片，然後再上下左右複製即可。最後在周圍加上紅色即完成。

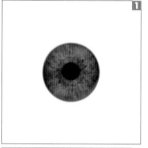

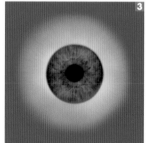

將黑眼珠的輪廓以外的部份稍微進行霧化處理

Texture 6

完成臉部紋理

調整整體。由於接下來會使用Sas-lite（簡易版Sasquatch）來製作頭髮（因為不會產生陰影），因此先畫好頭髮的陰影。

畫上陰影

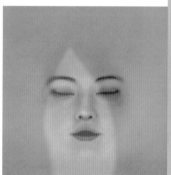

完成的紋理

Completed!

用CG來製作人物

略帶青澀的
外國少年

這次要來製作介於成人與小孩之間的外國少年。
利用建模以及紋理表現出少年的青澀及
成熟這二種要素。

　　下面要製作的是17、8歲的外國少年。由於我的周遭很少出現外國人，於是就觀察各國電影中的童星。

　　在製作方面，臉部建模使用的是Nurbs，身體則使用多邊形來進行製作。將少年轉變為成人的成長過程完全呈現，是這次建模的主要重點。整體線條稍顯平緩，製作時稍微強調下顎以及各部份的肌肉。

　　在描繪紋理（Texture）時，特別注意到細微的凹凸部份。此外，象徵少年氣息的青春痘及泛紅的雙頰也仔細地描繪出來了。

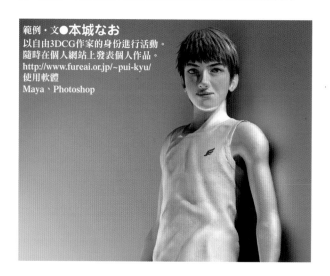

範例・文●本城なお
以自由3DCG作家的身份進行活動。
隨時在個人網站上發表個人作品。
http://www.fureai.or.jp/~pui-kyu/
使用軟體
Maya、Photoshop

臉部建模

Modeling 1

眼球的建模

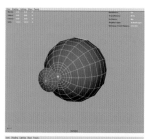

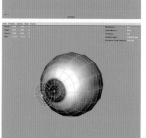

首先，進行製作並且配置眼球。從Polygon Primitive做成球體（Sphere）。至於瞳孔的虹膜部份，則是從做好的Primitive複製瞳孔的部份來製作。在建構臉部模型時，眼睛是相當重要的部份。特別是黑眼珠（視線）的方向及位置，必須要確實掌握。因此事先進行了紋理貼圖作業。

編輯製作球體

Modeling 3

製作嘴部

先用9條曲線勾勒形狀，然後貼面。接著再增加Isoparm，慢慢做出嘴部的形狀。製作時最重要的是，要注意嘴唇的厚度及嘴角的形狀。隨著嘴唇形狀的不同，也會改變給人的第一印象，因此這項作業會影響角色完工後的個性。此外，表現出嘴唇柔軟的質感也是一大重點，因此使用平滑的曲線來製作。

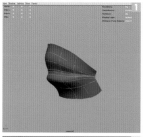

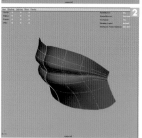

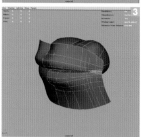

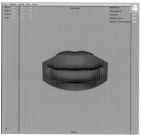

嘴角的部份記得避免Edge重疊

Modeling 2

製作眼周

首先，先用6條曲線勾勒線條，再用貼面做出基本形狀。一邊增加Isoparm，慢慢做出眼睛的形狀。由於這次的主題是外國少年，因此做出摺痕明顯深邃的雙眼皮是一大重點。並配合眼球進行同步調整。此外，進行這項作業時必須從側面及前面確認模型形狀，重視給予他人的印象，做出讓人感受到少年的正值青春、介於青澀與成熟之間的靈魂之窗。

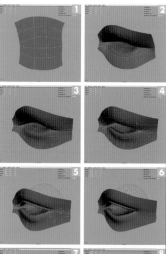

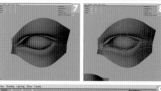

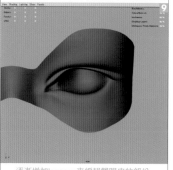

逐漸增加Isoparm來編輯雙眼皮的部份

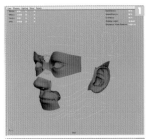

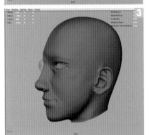

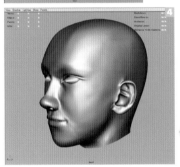

Modeling 6

完成臉部模型

用曲線畫出外國少年的骨骼為製作時的一大訣竅。將做好的零件排在一起，更容易想像整體形象。接著在所有的曲線上貼上面，進行Global Stitch（全局縫合）。一邊意識到肌肉的佈線，慢慢調整形成臉部。此外，十幾歲少年所殘留的些許稚嫩及圓潤感、肌膚緊緻、以及略顯男性化的下顎，都要充分表現出來。由於臉部是使用Nurbs所製作的，因此製作時要注意避免出現細紋。

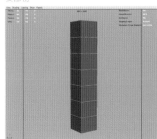

慎重進行作業，避免線條凌亂。

Modeling 5

製作耳朵

首先用9條曲線勾勒形狀，然後貼面做出耳朵大致的形狀。接著一邊增加Isoparm，一邊慢慢地做出耳朵的形狀。製作耳朵時最重要的，就是一邊留意細部的凹凸及曲線，慎重地進行製作。一定要仔細觀察耳朵厚的部份及薄的部份、耳朵的凹凸、硬部及軟部等特徵，再進行製作。

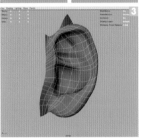

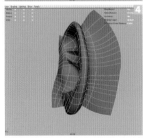

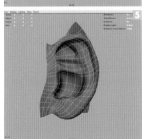

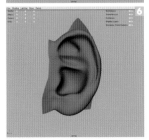

仔細做出耳廓的厚度為一大重點

Modeling 4

製作鼻子

用7條曲線勾勒形狀，然後貼面。接著一邊增加Isoparm，慢慢進行編輯，但由於鼻子有細微的凹凸部份，製作時要特別注意這點。如果忽視鼻子的凹凸部份，看起來就會喪失真實感。此外，製作鼻孔最重要的一點就是自然。鼻子位於臉部的正中央，為相當顯眼的部份，一定要留心製作。

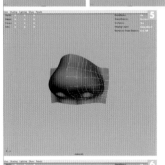

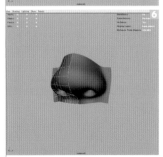

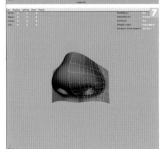

增加Isoparm做出鼻翼

身體建模

Modeling 7

製作概略的全身模型

身體則是使用多邊形來製作。從Primitive製作立方體（Cube）。使用分割、編輯Edge及頂點、以及擠壓出面等技巧，做出身體概略的形狀。這時，必須考量到少年特有的身體平衡進行製作。接下來，再個別製作手、手臂、身體等部位。

將立方體進行分割、擠壓等步驟，做出必要部份

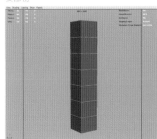

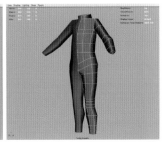

Modeling 11

手掌建模

從Primitive製作立方體（Cube），然後使用Split Polygon工具適當地分割出手掌的形狀，並加以調整。當然各隻手指也要進行調整，特別是大拇指的接續方式要格外注意。手指的長度、粗細、以及關節位置等都相當重要，一定要細心處理。如果忘記加上手掌的厚度以及細微的凹凸部份的話，就無法做出具有真實感的手掌，因此要多加注意。

拳頭部份的隆起部份、關節等都要細心製作

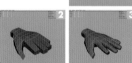

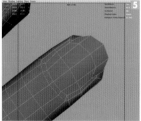

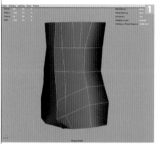

Modeling 10

製作胴體

與前面部位一樣，同樣使用Split Polygon工具將面（Face）稍微分割後進行製作。肚臍及其周圍、骨盤等部位要格外注意。我們製作的是體型略顯削瘦的少年，盡量避免將身體做得過於結實，此外如腰部等寬度較窄的部位要控制得宜，避免少年的身體纖瘦得像女孩一樣。

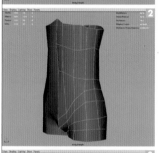

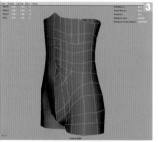

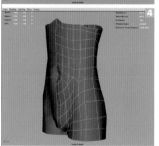

雖然身體被衣服遮住，仍然要仔細做出腰部線條

Modeling 9

肩膀、手臂的建模

如同頸部，使用Split Polygon工具將面（Face）稍微分割後進行製作。緊緻的肌肉是少年時期的一大特徵，此外，釀造出成人男女以及兒童所缺少的獨特氣氛也相當重要。即使有些超過也可以，盡量製作相當結實的手臂。然而並非塑造出壯碩的肌肉，最重要的是保留些許柔軟的感覺。

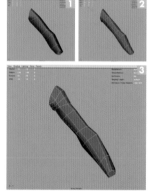

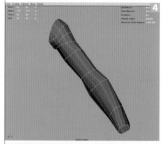

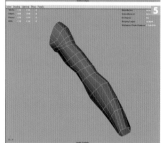

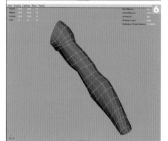

肌肉的隆起與凹陷調整的恰到好處

Modeling 8

製作頸部

使用Split Polygon工具將面（Face）稍微分割後來製作。首先最重要的部份為頸部線條以及鎖骨的部份。與女生不同，由於少年的線條凹凸比較明顯，必須仔細製作。千萬不要讓頸部呈現纖細柔和的感覺。

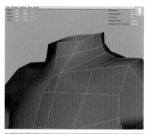

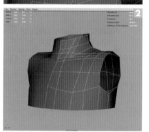

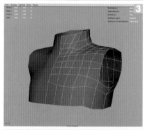

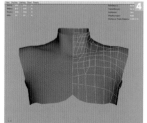

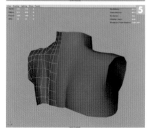

製作時要留意胸膛以及肩胛骨等

服裝的
建模

Modeling 15
製作配件

從Primitive製作Cylinder（圓柱體）。分割形狀後，點選「Edit Polygon→Extude Edge」調整形狀為理想的配件形狀。在配件上製作Cylinder（圓柱體）做為開洞的準備，接著使用Boolean開洞。在開好的洞上拉出一條曲線，準備用來穿繩。使用Extude做出繩子，然後連接到褲子上。

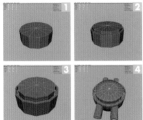

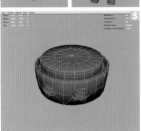

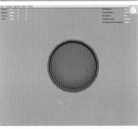

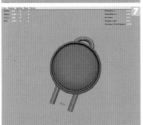

雖然是很細微的部份，卻是相當重要的細節

Modeling 14
製作褲子

從做好的身體形狀進行複製後，做成褲子的雛型。首先，先將褲管拉寬，再調整褲子長度。點選「Edit Polygon→Extude Edge」來增加褲子的厚度。因為是靜止畫面，加上細微的皺摺後就完成了拉繩式的短褲。

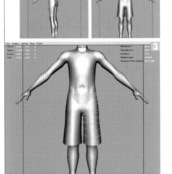

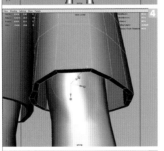

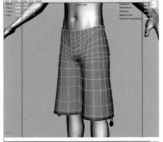

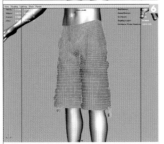

仔細表現出厚度

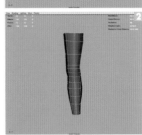

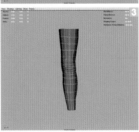

膝蓋內側的凹陷部份也是增加真實感的重要因素

Modeling 12
腿部建模

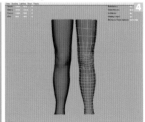

使用Split Polygon工具，將面（Face）稍微分割後進行製作。因為是製作角色是少年，所以要注意膝蓋的形狀。膝蓋形狀不要過於圓滑，最好表現出稍微結實的肌肉。為了給人一種精力充沛又健康的感覺，最好將小腿肌肉塑造得發達些。由於這次的人物角色穿的是運動鞋，因此只要製作到踝關節的部份即可。

Modeling 13
連結全身

將做好的身體各部位組合起來，再調整細節部份。與臉部一樣，製作時一定要留意面的部份。最後，再調整各個製作好的物件的平衡感。

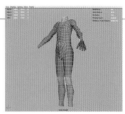

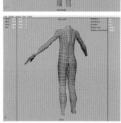

從各種角度檢視，進行調整

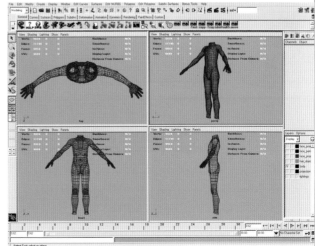

製作臉部
紋理及頭髮

Texture 1

製作眼球紋理

首先使用筆刷工具,慢慢地從外側(眼白部份)開始描繪。接下來描繪瞳孔部份。畫的時候,必須考慮到瞳孔色彩的明暗。同時必須注意到瞳孔微妙的色調變化,仔細描繪,經過調整後即完成。

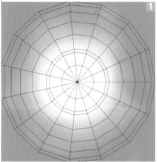

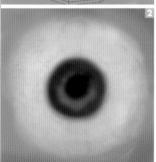

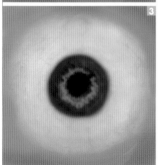

在黑眼球中畫出不規則的形狀,可提高真實感

Modeling 18

將身體與衣服緊密組合

將做好的身體及衣服組合,並重新檢視。一定要先進行Rendering(算圖)再做確認。如發現有缺陷的部份,就要進行修正。因為這次的作品是靜止畫面,故衣服皺摺的呈現方式須要重新評估。

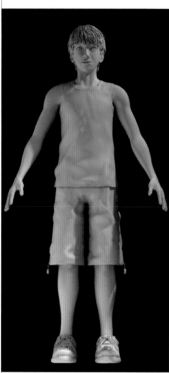

先進行算圖(Rendering)後,再做確認

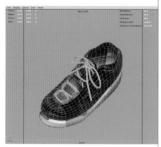

將各物件組合起來後即完成

Modeling 17

製作鞋子

從Primitive製作立方體。將立方體進行適當的分割後,調整為鞋子的形狀,並做出鞋帶孔。此外,在鞋帶編好的狀態下拉出一條曲線,使用Extrude(擠出面)做好鞋帶後,再貼到鞋子上。

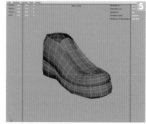

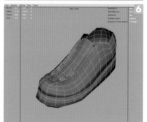

製作鞋子的基底部份

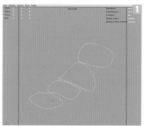

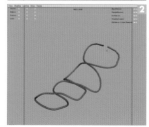

製作鞋帶

Modeling 16

製作運動衫

從做好的身體形狀進行複製後,做成運動衫的雛型。肩膀及下襬的部分配合褲子做出形狀。至於領口周圍,則是點選「Edit Polygons→Extude Face」增加其厚度,同時保持著整體的平衡。接下來點選「Polygons→Mirror Geometry」使運動衫的左右部份呈現一體化,讓運動衫顯得更平滑。

記得使運動衫的形狀符合身體線條

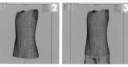

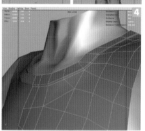

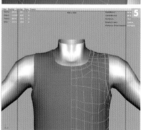

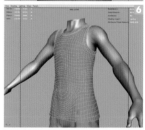

Texture 6

描繪鼻子

使用筆刷工具塗上較深的膚色後，點選「濾鏡（Filter）→紋理（Texture）→紋理化（Texturizer）」。接著一邊留意鼻子上的小顆粒，一邊進行描繪。同時要注意鼻翼邊緣的部位，調整顏色及質感。

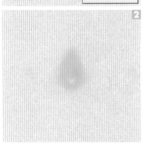

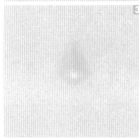

呈現粗糙且男性化的感覺

Texture 4

描繪眉毛

首先用筆刷工具輕輕地打底。接著再使用較細的筆刷，描繪出眉毛的生長方向。一根一根地仔細描繪是畫眉毛的訣竅。當然也可以微妙地改變筆刷大小。

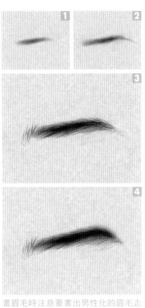

畫眉毛時注意要畫出男性化的眉毛走向

Texture 5

製作嘴部

先使用筆刷工具輕輕打底。接著點選「濾鏡（Filter）→粒狀」，在打底過的部份新增濾鏡。畫唇紋時記得仔細描繪，最後將整體進行調整後即完成。

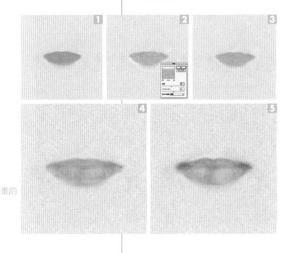

顏色不要畫的太深

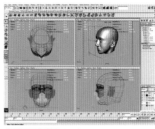

從前面所看到的Projection

從側面看到的Projection

Texture 2

Projection Map 的製作

首先，使用Projection Mapping準備描繪紋理。這時，必須配合臉部物件的前面圖及側面圖，從前面以及側面來製作紋理；待描繪完成後，再分別使用「Convert to File Texture」進行轉換工程。

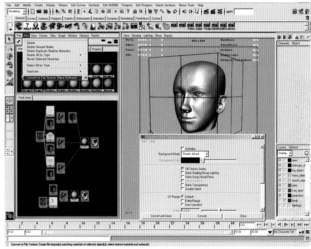

使用Maya進行轉換（Convert）作業

Texture 3

製作肌膚

先塗上一層底色（膚色），然後在底色上點選「濾鏡（Filter）→粒狀」新增一層濾鏡。接著使用Tone Curve，將新增濾鏡的圖片調整為白人的膚色。

使用粒狀圖層，重現細緻的肌膚紋理

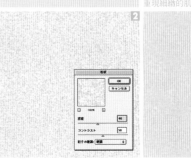

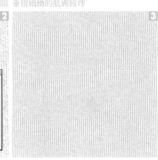

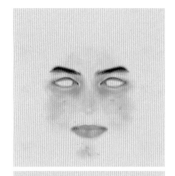

Texture 11

頭髮的紋理

我們將少年的髮色設定為棕色。首先，先用各種咖啡色畫出直線，並將上下擴大做成Color Texture。同時，另外準備色彩較為明亮的色階，做成Specular專用紋理。此外，將彩色紋理轉換成灰階，做成Bump專用的紋理。接著，使用筆刷工具畫出各種粗細的白線，然後再加上一層黑色的色階，就可做成Transparency專用的紋理。

Color Texture

Specular
專用紋理

Bump專用紋理

Transparency
專用紋理

眼睛的Bump

青春痘的Bump

嘴唇的Bump

Texture 8

完成臉部整體

眉毛、嘴部、鼻子及眼眶都繪製完成後，使用筆刷工具將膚色較深的部份逐漸上色。上色時，避免塗得太深導致顏色花掉。為表現出少年氣息，在臉頰色彩稍做調整，呈現出雙頰紅潤的男孩。使用加入些許紅色的膚色稍微上色後，再點選「濾鏡（Filter）→紋理（Texture）→紋理化（Texturizer）」。新增能呈現肌膚凹凸不平的濾鏡，調和肌膚顏色。最後再畫上少年不可或缺的特徵「青春痘」，即大功告成。

上色時，記得多加注意臉頰及鼻子等部位的質感

Texture 9

Specular專用的紋理

點選「色調修正→色相及彩度」，將臉部紋理圖像調整為稍微紅潤的顏色。使膚色呈現出少年般的紅潤光彩。

將膚色調成日曬後的感覺

Texture 10

Bump（凹凸）專用的紋理

為表現出臉部各部位的細微變化，故針對各個細部進行繪製。比方說眼睛周圍部份，使眉毛及細紋更明顯；鼻子及臉頰的青春痘等小顆粒也要詳加描繪；為了使嘴唇更具真實感，就必須仔細描繪細部的唇紋。

整體的Bump Texture（凹凸紋理）。每個部位都要詳細描繪

Texture 7

描繪眼周

一邊留意眼皮等部位，並使用筆刷工具繪製眼周。而皮膚的柔軟度、眼睛下方的黑眼圈及細紋也要詳細描繪，繪製時必須特別注意凹凸部份，這點相當重要。

1

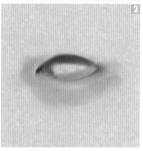

2

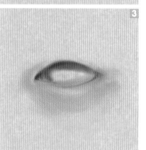

3

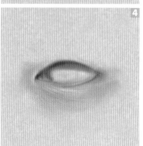

4

眼睛外緣的線條也要仔細描繪

Completed!

**依照各部位分類
人體觀察重點**

製作真人比例人物角色動畫時，觀察真人活動是最好的方法。讓我們一起深入觀察由骨骼及肌肉構成的人體構造，使作品的完成度更上一層樓！

掌握身體的構造

我們毋需知道人體究竟有幾根骨頭等諸如此類的細節。不過，必須要完全掌握身體彎曲以及運動的部位。

觀察身體

容易被忽略的身體動作。例如扭腰、彎腰等明顯的動作比較容易掌握，然而諸如手臂活動時，卻會伴隨著細微的從屬動作。例如將手臂輕輕上舉時，尤其是肩膀到胸部會出現傾斜的動作；當手突然向上舉時，腰部則會出現傾斜伸展的動作。

觀察手臂

手肘的動作是手臂最大的特徵，值得注意的就是手肘的方向。此外，隨著前臂扭曲的動作，可看出上臂的肌肉動作也會跟著產生變化。

觀察頸部動作

上下、左右搖頭的動作看似簡單易懂，卻會出現許多傾斜的動作。比方說一個簡單的將頭向後仰的動作，連帶會產生彎曲動作，尤其是與頸部一起活動的下顎並非直線運動，而是略帶弧線的運動。

2

製作臉部
創造表情

製作人物角色時，最重要的部位就是臉部。
在第二章中，我們將從臉部的解剖學圖解開始，
為各位詳細解說包括臉部在內的頭部各部位的建模、
用紋理來呈現肌膚質感、以及使用Blend Shape（混合變形）
及Skeleton（骨骼）進行臉部設定。

製作臉部表情動畫必知的解剖學

Facial Animation

文・櫻木晃彥（解剖學者）
模特兒・澤田秀人／鈴木KAHORI
（劇團Jungle Bell Theater）
插圖・昆工（飛鳥企劃）

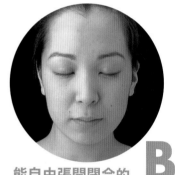

A

窗口集中在「臉部」

我們常見的眼、耳、鼻、口，是人體負責接收資訊的窗口。人體只能透過這些窗口來接收光線、聲音、味道、及香味等資訊。由此可知，臉部聚集了所有對外界開放的窗口。

什麼是臉部？

讓我們來認真探索臉部構造。

提到臉部，會認為臉部的主要功能，就是表現微妙的動作，也就是呈現表情，但在本文中我們將退一步思考，從「什麼是臉部？」、「臉部本來的功能是什麼？」，這個觀點，重新提出疑問。

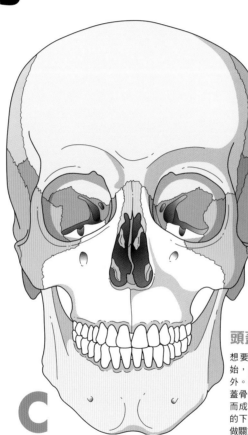

C

B

能自由張開閉合的眼睛與嘴巴

耳朵與鼻子總是保持開放，而眼睛與嘴巴卻能自由張合。它們能接收的不光是資訊。鼻子與嘴巴能夠呼吸空氣，嘴巴還能攝取食物及飲料。同時，嘴巴也是發送聲音資訊的窗口。

頭蓋骨從前方觀察

想要認識人體結構，就先從骨頭開始，這是基本原則。臉部當然也不例外。形成臉部及頭部的骨頭，稱作頭蓋骨。頭蓋骨是由21塊骨頭相互連結而成，其接合部份呈鋸齒狀，頭蓋骨的下方還設有個經常活動的裝置，叫做關節，用來連結下顎骨。

究竟什麼是臉部？

臉部乃是「窗口」聚集的所在地。

在製作臉部動畫時，一定要先了解這一點。然而，什麼是臉部的窗口呢？

人體全身上下都能夠感受到「好痛！」、「好熱」的感覺。因為這些感覺屬於可以透過全身上下任何一個部位來接收的資訊。可是，手臂或背部卻無法感覺到光線、聲音、味道以及香味等資訊。能夠接受這類資訊的，只有眼、耳、鼻、口這些特定器官。

雖然這是理所當然的事，不過這些器官，亦即眼、耳、鼻、口全都集中位於臉部。這些器官被稱作感覺器官。所謂感覺器官就是接收感覺的裝置，但事實上接收外來資訊並傳達給腦部的裝置是深藏在臉部的深處。

然而，若感覺器官整體沒有浮出表面，而是埋在臉部皮膚下，就無法發揮作用。因此人體需要對外開放的窗口，也就是我們常見的眼、耳、鼻、口。換言之，臉部就成為聚集接收資訊窗口的場所（圖A）。

當然，這些窗口的作用並不單只是接收資訊。例如鼻子與嘴巴能夠呼吸空氣，嘴巴還能攝取食物及飲料。不僅如此，嘴巴除了

能夠接收資訊以外，同時也能夠發送聲音資訊。

有一點必須特別注意，亦即不論是要接收或是發送訊息，「窗口一定要保持打開狀態」。不過，窗口不可能隨時保持打開狀態。這是因為感覺器官是相當敏感的裝置。除非有必要，否則大多保持關閉狀態。換句話說，人體需要能夠控制這些窗口開關的裝置。而且必須相當靈敏（圖B）。

其實，這些窗口張開閉合的動作正是表情的起源。CG製作的動作中之所以會出現許多不自然的表情，就是因為設計師不夠了解臉部表面的動作原理來自臉部窗口的開合，只是一味地讓臉部表面產生變化，做出表情所致。

臉部是「咀嚼」的裝置

臉部是我們在日常生活中看得到的部位，因此總會在意臉部表面皮膚的動作。當然皮膚的動作也相當重要，然而充其量不過只是表面，亦即僅限於皮膚的動

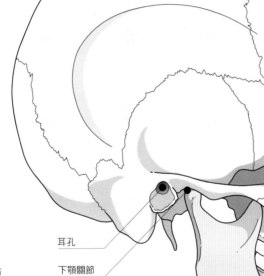

一張一合……

前後活動

左右活動

E 驚人的下顎關節

下顎關節是人體當中最靈活的關節。不僅能夠一張一合，還能夠前後左右隨心所欲地運動。當下顎關節左右運動時，下顎並非在水平面上運動，而是呈平緩的弧線運動。將這些動作組合起來，就能夠做出複雜的動作。

耳孔

下顎關節

D

頭蓋骨側面

從側面來看形成頭部的頭蓋骨及下顎骨，就能清楚明白臉部本身就是一個咬碎裝置。此外，下顎關節的所在位置比想像中的還要後面。附帶一提的是，外耳孔，也就是耳孔的前方就是下顎關節，每個人的下顎關節都位在這個位置。

作。

一提到臉部其他部位的動作，腦中就會浮現出眼球轉動以及舌頭的動作，然而這些僅能歸於臉部零件的動作。除了臉部皮膚的動作之外，還有另一個和臉部整體相關的動作。那就是下顎的動作。

就運動器官來說，臉部實為用來咬碎食物的裝置。藉由下顎的活動將食物咬碎……除此之外，在臉部當中沒有強而有力活動的部位。與臉部皮膚的運動不同，下顎能夠自由自在且明確地做出動作。能夠做出這種動作的，就只有位於臉部的下顎骨。沒錯，這就是「骨頭」。

結果，與人體其他部位一樣，在考慮臉部形狀時必須優先考慮臉部骨骼。人體一切體態的基礎來自骨骼。臉部也不例外。能夠決定臉部大致形狀的只有骨骼。

因此在構思臉部動畫時，也得從骨骼開始。在製作人體模型時，若採用其他的

切入方式，最後就會變成結構鬆散的模型。

頭蓋骨與顏面骨併稱為頭骨。頭骨是由29塊骨頭所構成。其中有6塊位於耳朵內側負責傳達聲音的小骨頭，因此與臉部動畫毫無關係。此外，位於喉嚨深處有一塊名叫舌骨的骨頭，在本文中

剩下的22塊骨頭當中，有21塊骨頭像3D拼圖一樣相互接在一起。蛋白質纖維就像接著劑一樣，連結各塊骨頭。由於曲面的走向一致，因此相當平順地接合在一起，然而連接部份呈鋸齒狀，因此骨頭表面連接處亦呈現鋸齒狀。頭蓋骨的模型以及骷髏玩具的表面上出現的鋸齒狀線條，就是骨頭的連接處。

在22塊骨頭當中有21塊骨頭是用接著劑黏接起來，剩下的一塊骨頭就是下顎骨。下顎骨是塊相當特殊的骨頭，藉由關節將橫躺的頭骨及下顎骨連接起來。所謂關節，就是為了使骨頭與骨頭之間能夠順利活動的接合點，也就是功能完善的關節（Joint部份）。若將頭蓋骨視為運動器官的話，那麼下顎骨就是可以一張一合的裝置（圖C）。關於下顎關節，有2點最好牢記在心。第一點就是這個關節（接合點部份）的所在位置比想像中的還要後面（圖D）。能夠一開一合的嘴巴位在臉部前方，可是其關節卻位在左右耳朵的前方。

第二點就是下顎關節是人體當中最能隨心所欲活動的關節。或許有些人會認為最能夠活動自如的應該是肩關節，這些人對於人體構造算是有一定程度的認識。不過很可惜的，肩關節是人體中自由度排名第二的關節。只要自己能夠一張一合外，下顎關節還能夠前後甚至左右運動。下顎關節的自由度甚至真的非常驚人（圖E）。

事實上在人體當中，能夠自行活動的部位只有肌肉。比方說讓眼睛左右轉動、使眉毛上揚、咧嘴微笑、張大嘴巴吐舌頭……臉部其實經常活動。這些動作全是肌肉的拿手絕活。說出來或許大家會大感意外，其實肌肉以外的部位只不過是受到肌肉的牽引而產生動作。包括下顎、皮膚等部位，全都是受到肌肉的牽引而產生動作（圖F、G）。

臉部其實佈滿許多肌肉，然而這些肌肉並非只是雜亂無章地分佈。肌肉可分成幾種類型。若仔細分類的話會沒完沒了，大致而言，臉部肌肉可約略分為4種類型：咀嚼食物的嚼肌、使眼球轉動的肌肉、讓舌頭活動的肌肉、以及讓皮膚活動的表情肌。不過，有關使眼球轉動的肌肉，以及讓舌頭活動的肌肉方面，下次有機會再進行說明。

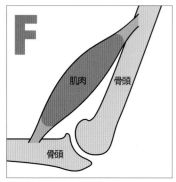

肌肉的基本構造

在人體當中，能夠自行活動的部位只有肌肉。上圖是肌肉的基本構造。肌肉的其中一端附著在骨頭上，另一端則附著在另一根骨頭上。骨頭與骨頭之間則靠關節來連結，因此當肌肉收縮時，骨頭與骨頭的位置關係也會產生變化。如此一來，人類就能夠活動。

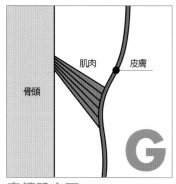

表情肌方面

表情肌的構造與肌肉的基本構造不同。表情肌大多只有一端附著在骨頭上。這一點與其他的肌肉相同。只不過，表情肌的另一端是附著在皮膚上。視肌肉而定，有些肌肉的兩端均附著在皮膚上。當表情肌收縮時，就會拉緊皮膚。

參考資料：
「從觀察、觸摸與測量學習人體構造」（南山堂）

使臉部運動的構造

臉部經常在運動。基本上，CG「沒有辦不到的事」，因此能夠做出任何動作，然而現實生活中，人類臉部卻受到極大的限制。為了製作更逼真的CG模型，首先就來認識人類臉部是藉由哪些構造來進行活動吧。

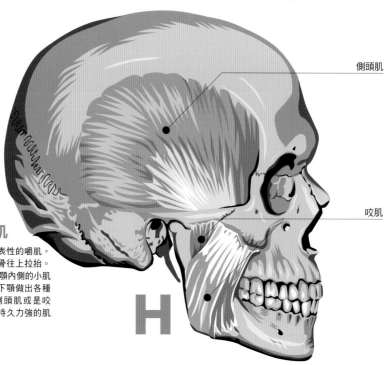

側頭肌

咬肌

H

拉抬下顎的嚼肌

側頭肌與咬肌是最具代表性的嚼肌。其主要的工作是將下顎骨往上拉抬。在這2種大肌肉與位於下顎內側的小肌肉同心協力下，就能讓下顎做出各種複雜的動作。不論是側頭肌或是咬肌，均屬於充滿力量且持久力強的肌肉。　資料提供：Corel

咬碎食物的動作，稱作「咀嚼」。為了咀嚼，因此人類就必須使下顎活動。下顎的動作變化多端。如果下顎只能夠一張一合的話，那就算不上是人類，只能算是會腹語術的人偶。除了能夠一張一合之外，下顎還能夠左右運動。正因此，光是下顎的動作就能夠做出某種程度的表情。其中，負責拉抬下顎動作的肌肉叫做嚼肌，或許有不少人會這麼想「那麼下顎又是如何進行下拉動作？」其實負責下顎下拉的肌肉位於頸部，由於這條肌肉與臉部動作畫無關，因此在本文當中割愛不談。

回歸正題，人體的嚼肌共有4種。最大的嚼肌叫做側頭肌，第二大的叫做咬肌。從皮膚上方就可以摸的到這二條肌肉（圖H）。

對8條。可分為2種大肌肉以及位於下顎內側的2種小肌肉。最好能知道其名稱。最大的嚼肌叫做側頭肌，第二大的叫做咬肌。從皮膚上方就可以摸的到這二條肌肉（圖H）。

但是，你知道額頭左右兩端附近的肌肉的名稱嗎？就是玩俄羅斯輪盤時，用槍口抵住的地方。沒錯，就是「太陽穴」（譯注：日文名稱為こめかみ【komekami】）。其日文名稱據說是取自咀嚼米飯【kome wo kamu】時，這個部位的肌肉會微微振動而命名的。這是因為在咀嚼米飯時，負責咀嚼的肌肉就位於額頭兩側附

（譯注：日文寫做「米をかむ」【kome wo kamu】）

表情肌的功能為控制窗口開關

近。這條肌肉就是側頭肌。

那麼咬肌的位置呢？咬肌就位於下頜附近。可以試著用雙手貼在下頜到臉頰附近。筆者將這個姿勢稱作「嗶，好棒哦」。接著試著使牙齒用力咬合。這時，手掌應該能夠明顯感覺到有肌肉隆起。我保證你一定會驚訝地說：「沒想到我的臉力氣居然這麼大！」

人體肌肉可分成「充滿力量卻容易疲勞的肌肉」以及「持久力強卻沒什麼力氣的肌肉」這二種，嚼肌則屬於後者。若是更細或更薄的肌肉，力量會更小。不過側頭肌以及咬肌均屬於厚實的肌肉，因此充滿力量。嘴巴能夠咬碎食物的力量的來源，正是來自厚實的肌肉。

CG製作的臉部動畫當中，出現不自然且不夠寫實的時候都有個共通點，也就是缺乏皮膚的動作是由表情肌控制的原則。何謂表情肌的原則？此即表情肌原本就不是為了做出表情而存在的肌肉，而是為了控制臉部窗口開關而存在的肌肉。所謂臉部的窗口，就是指眼、耳、鼻、口。包括表情肌在內，肌肉實為負責收縮的裝置，因此無法自行伸展或扭曲。必須接收神經傳達的命令才會收縮，也就是出力收縮。每塊肌肉只是負責執行命令而已。

使用這種單純的裝置來控制窗口的開關。換言之，這種操作方法也相當單純。張開的肌肉對窗口呈放射狀分布，關閉的肌肉則在窗口四周圍成輪狀。這就是表情肌的所有原理（圖一）。

此外，表情肌的另一項特徵最好也要牢記在心。那就是所有的表情肌都是適合做敏捷動作的肌肉。表情肌與嚼肌完全相反，屬於「有力氣卻容易疲累的肌肉」。表情肌宛如皮膚的一部份般輕薄，卻充滿力氣，具備可使皮膚活動的充足力量。

嚼肌是典型的肌肉，也就是負責牽引骨頭的肌肉；相對的，表情肌則屬於相當特異（殊）的肌肉。為什麼說它屬於特殊肌肉，這是因為表情肌所牽引的對象不是骨頭，而是皮膚。負責牽引臉部皮膚的肌肉，就是表情肌。表情肌不僅沒有附著在關節上，而且相當輕薄，如同皮膚一般。因此形成了如同皮膚般的肌肉負責牽引皮膚這種有點拗口的肌肉模式。

這一點，從臉部瞬間就能改變表情即可得到印證。此外，從大約持續發笑1分鐘後臉部就會僵硬這點，就能了解表情肌是屬於容易疲勞的肌肉。

從側面來看……

負責控制窗口開關的表情肌

乍看之下，表情肌的分布相當雜亂無章，仔細一看就能發現其規則性。不要將表情肌誤認為是為了做出表情而存在的肌肉。而是控制窗口開關的肌肉。請注意看眼睛及嘴巴部份。由此可知，肌肉是以窗口為中心呈放射狀以及輪狀分布。

前頭肌
皺眉肌
口角舉肌
口輪匝肌

眼輪匝肌
上唇舉肌
顴小肌
顴大肌
笑肌
下脣掣肌
口角掣肌
頸闊肌

J 眼睛的張合

可分為閉眼／張開眼這2種動作。
又可細分為正常閉眼、緊閉雙眼、正常張開眼、
以及立刻張開眼這4種類型。
這些動作主要使用的肌肉完全不同，
一定要注意。

使用大眼輪匝肌閉上眼

如果眼輪匝肌當中，位於眼睛周圍較大的部份，也就是將眼睛圍住呈甜甜圈狀的部份收縮的話會如何？這會造成眼睛周圍的皮膚會收縮，呈同心圓狀。這便是緊閉雙眼的狀態亦即使眼睛周圍出現皺紋的強力動作。

使用小眼輪匝肌閉上眼

眼輪匝肌的內圍部份，也就是只有包覆眼皮的部份收縮，就會使上眼瞼往下、下眼瞼微微向上移動。這就是平常眼睛閉著的狀態，這個動作不需花費太大的力氣。

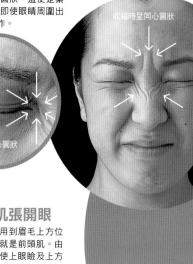

收縮時呈同心圓狀
收縮時呈同心圓狀

其他的部份保持不動

動的部分主要有上眼瞼

使用前頭肌張開眼

瞪大雙眼時，會用到眉毛上方位於額頭的肌肉，就是前頭肌。由於前頭肌收縮，使上眼瞼及上方的皮膚往上拉，連帶使眉毛上提。這時，額頭一定會出現皺紋（抬頭紋）。

使用上眼瞼舉肌張開眼

正常眼睛張開時，會由位於眼輪匝肌深處的上眼瞼舉肌將上眼瞼拉緊，下眼瞼的閉眼肌肉則保持不動。因此，上眼瞼會朝眼球後方凹陷。

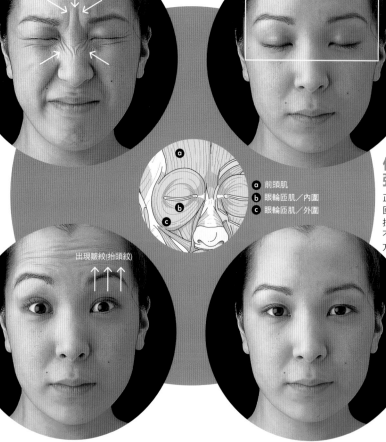

a 前頭肌
b 眼輪匝肌／內圍
c 眼輪匝肌／外圍

出現皺紋(抬頭紋)

向後方凹陷

認識各部位的動作

臉部的部位當中，最重要的就是眼睛及嘴巴。
從解剖學的角度來理解讓這些窗口活動的肌肉，
可知張開／閉合動作的原理其實一點也不難，
因此完成好的CG作品一定會相當逼真。

使眼睛及嘴巴活動的表情肌

由於肌肉這種素材只具備「收縮」作用，因此想讓臉部窗口張開或閉合時，方法也會受到侷限。負責打開窗口的肌肉，只要從窗口邊緣拉緊即可。換句話說，只要肌肉沿著窗口呈放射狀分佈的話，當肌肉收縮時窗口就會被打開。相反地，負責關閉窗口的肌肉只要沿著窗口的肌肉在窗口周圍呈輪狀繞。也就是說，只要肌肉收縮時窗口就會縮小，最後窗口閉閉。這是眼睛及嘴巴共同的原理。

接下來，我們從解剖學的角度來分析眼睛與嘴巴的動作。首先，使眼睛閉上的肌肉叫做眼輪匝肌。眼輪匝肌包括包覆眼皮表面的內圍部份以及拉緊眼睛周圍皮膚的甜甜圈狀的部份。隨著其中的哪一種肌肉收縮之不同，就會出現平穩地閉眼或是緊閉雙眼這二種不同的情況。此外，由於眼輪匝肌在上下眼皮中含有一塊板狀的芯，因此眼皮本身不會呈同心圓狀收縮。那麼眼睛張開時又是何種情況

K 嘴巴的張合

使嘴巴緊閉的口輪匝肌也能使嘴唇向前噘起，這是一大重點。使嘴巴張開的肌肉呈放射狀排列。本文將嘴部肌肉分成斜上拉動、橫向拉動、以及斜下拉動這三種肌肉，以方便讀者理解。

藉由將上唇向上拉的肌肉張嘴

如上唇舉肌、口角舉肌、顴大肌、顴小肌等，都是將上唇向上提的肌肉。雖說這些肌肉均屬於為了露出笑容而存在的肌肉，但光靠這些肌肉當然無法展露笑容。

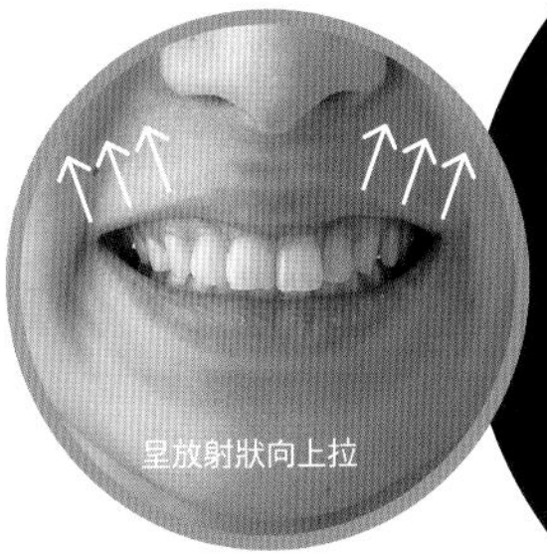

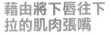

呈放射狀向上拉

藉由拉住嘴角的肌肉張嘴

即肌肉將嘴角（嘴唇兩端）幾近水平地向左右拉，使嘴巴張開的動作。代表性的肌肉為笑肌，笑肌的前端部份並非附著在骨頭上，而是皮膚以及皮膚深處柔軟的部份，因此當笑肌收縮時其兩端之間的皮膚就會鬆弛並向內凹陷。這就叫做酒窩。

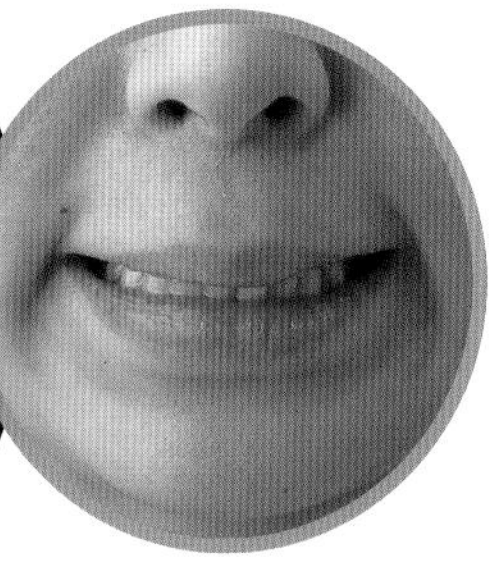

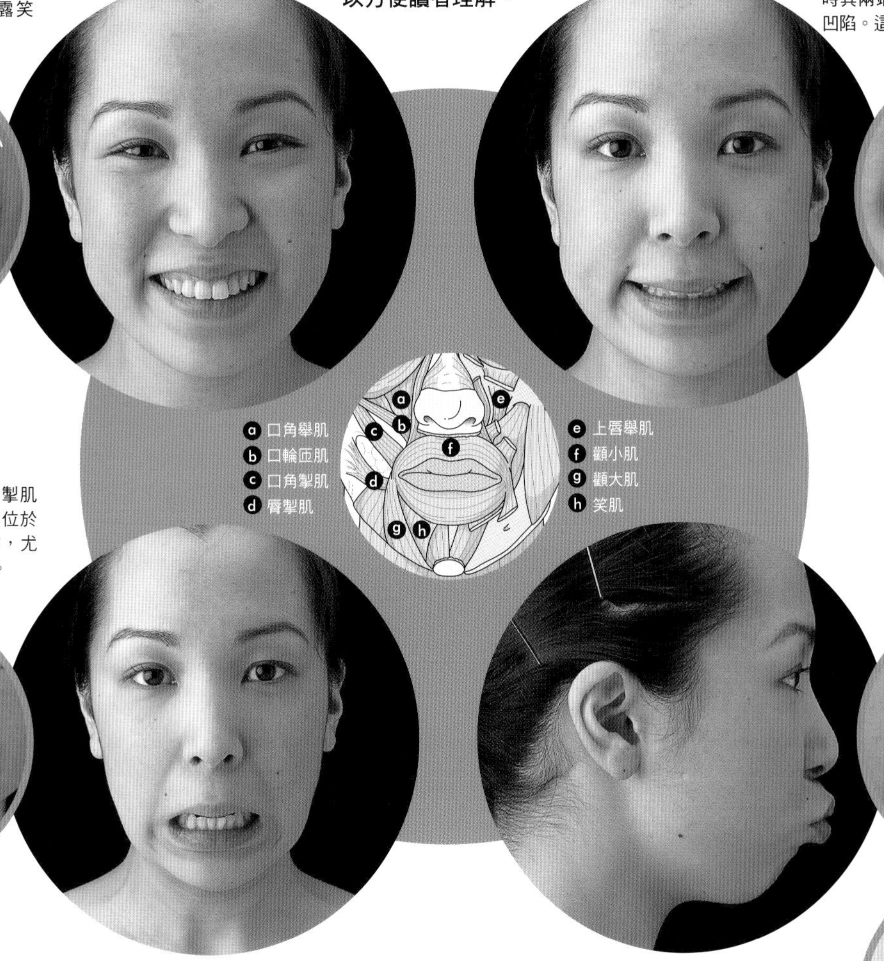

a 口角舉肌
b 口輪匝肌
c 口角掣肌
d 唇掣肌
e 上唇舉肌
f 顴小肌
g 顴大肌
h 笑肌

藉由將下唇往下拉的肌肉張嘴

將下唇往下拉的肌肉有口角掣肌及下唇掣肌等。這些肌肉與位於頸部表面的頸闊肌一同合作，尤其在張大嘴巴時特別有幫助。

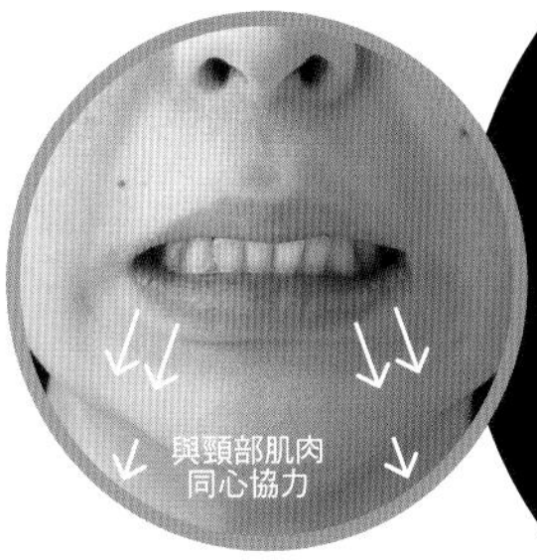

與頸部肌肉
同心協力

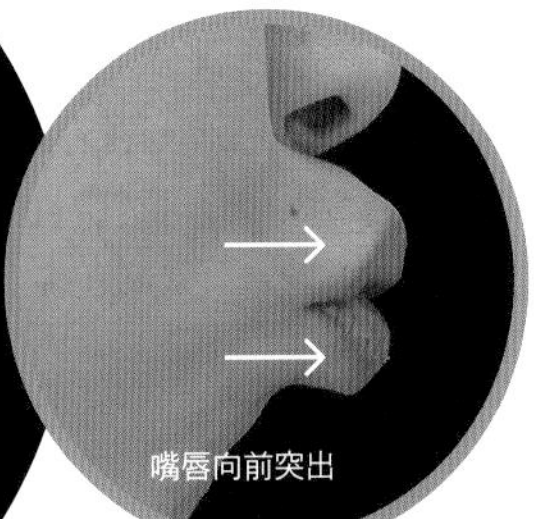

嘴唇向前突出

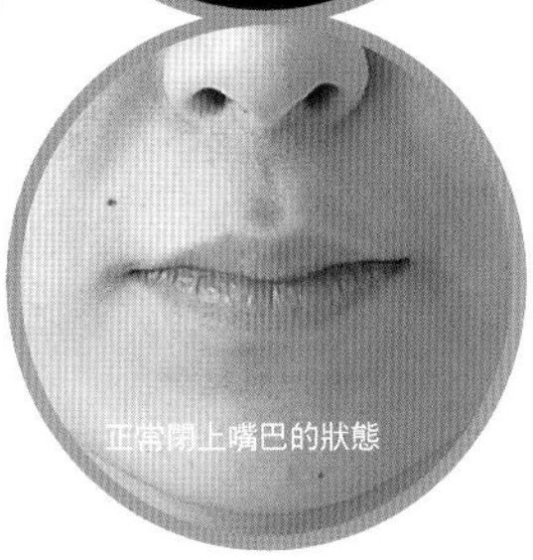

正常閉上嘴巴的狀態

藉由口輪匝肌閉上嘴巴

即圍繞嘴巴呈輪狀分布的肌肉。除了能使嘴巴緊閉外，其內圍部份還能夠前後左右地運動。因此，使嘴唇向前噘起的動作一點也不困難。此外，口輪匝肌也是形成嘴唇以及其周圍形狀的肌肉。

鼻子與耳朵的動作

雖然這次沒有詳細介紹，不過鼻子及耳朵也是臉部的窗口。尤其是鼻子更是不能忽視。這是因為鼻翼會鼓起來，鼻樑兩側也會產生皺摺的緣故。控制鼻孔打開的肌肉，原是為了讓呼吸更順暢的裝置，在臉上出現生氣的表情時也能發揮作用。當呼吸急促時，臉部之所以看起來很像在生氣就是這個原因所致。

與鼻子相較之下，耳朵似乎與臉部動畫毫無瓜葛。但事實上，10個人當中約有一～二人耳朵可以活動。令人驚訝的是，促使耳朵運動的肌肉也是表情肌。我從沒聽說有人以動耳朵來表示高興。光從這點就能推知，表情肌並非為了做出表情而存在的肌肉。

使耳朵活動的肌肉實則位於耳朵後方，這塊肌肉原本是負責打開耳孔。然而對人類而言，這塊肌肉並不重要，因此就不再使用這塊肌肉，也有不少人忘記怎麼讓這塊肌肉活動。

耳朵周圍的肌肉並非只為在耳朵後方，耳朵前方及上方也有肌肉。只是位於耳朵前方的肌肉幾乎只剩下殘骸，因此沒有人會使用。但還是有少數分子，能讓位於耳朵上方的肌肉收縮。

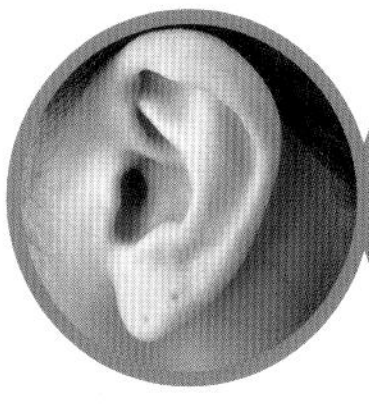

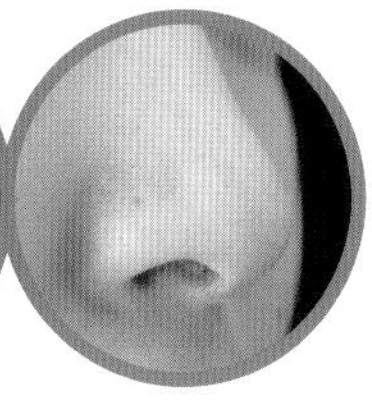

呢？正常情況下張開眼睛時，使上眼瞼上揚的肌肉叫做上眼瞼舉肌。其實這塊肌肉並不是表情肌。而是屬於其他系統的肌肉。另一方面，若要使眼睛睜大時，也會使用到額頭的肌肉。比方說使眉毛附近的皮膚上揚的肌肉，就叫做前頭肌（圖J）。

而嘴巴與眼睛不同，必須透過各種形式使嘴巴張開，因此需要許多的肌肉。大致上可分為下面幾種類型：使上唇上揚型肌肉、使下唇下拉型肌肉、以及從嘴唇兩端左右拉動型肌肉。另一方面，使嘴巴關閉的肌肉只有圍繞在嘴部周圍的口輪匝肌。同時口輪匝肌也是形成嘴唇形狀的肌肉（圖K）。

緊縮器官所使用的肌肉呈輪狀。同時當肌肉一用力，眼睛及嘴巴均會緊閉，使整個臉部集中在中央附近。

張開器官所使用的肌肉呈放射狀。同時當肌肉一用力，眼部及嘴部肌肉會分別以眼睛及嘴巴為中心，使肌肉呈放射狀，由內向外被拉緊。

探討臉部整體的動作

臉部整體的動作雖是藉由眾多肌肉的微妙組合所產生的，卻必須遵守表情肌的原則。下面將以笑容為例，一起來觀察實際的表情吧。

最重要的是表情肌原則

人類臉部的動作並不單純。不過我們以表情為例，表情是臉部各塊肌肉一邊各司其職，同時卻又微妙地同心協力下的產物。因此，若想了解臉部表情就絕不能忽略表情肌原則。

我們在前一頁已經強調過表情肌原則。簡而言之，表情肌原本就是負責控制臉部窗口開合的肌肉，當窗口打開時，肌肉呈放射狀；關閉時則以窗口為中心，呈同心圓狀。

請看圖 L 的部份。為了開始認識臉部整體的動作，首先我們先將表情肌的運作單純化。例如，如果使眼睛及嘴巴張開的肌肉使盡全力會如何？而使眼睛及嘴巴關閉的肌肉完全收縮又會是何種情況？我們試著作個實驗。由於使眼睛與嘴巴張開的肌肉是呈放射狀分佈，所以當這些肌

高興時的笑容是從眼睛開始的。接著慢慢轉移到嘴巴，然後變成滿面笑容。首先，平靜的臉部接收到令人高興的消息（照片1）。負責張開眼睛的肌肉開始鬆弛，臉上也開始出現笑容（2）。至於嘴巴方面，肌肉開始傳遞緊張，使嘴角上揚的肌肉開始工作（3）。臉部逐漸變成滿面笑容，眼睛也跟著瞇起來，使嘴巴張開的肌肉則強力收縮。

覺得好笑時的笑容是從嘴巴開始的。然後慢慢轉移到眼睛，最後整個臉部呈現哈哈大笑的狀態。一般情況下也會發出笑聲。首先，逗趣好笑的話題傳入面無表情的臉部（照片1）。眼睛仍保持原狀，使嘴巴向上張開的肌肉開始工作（2）。嘴巴的動作傳遞到嘴部以及眼睛周圍的肌肉（3）。最後變成滿面笑容，使嘴巴張開的肌肉強烈收縮，而使眼睛閉上的肌肉也跟著收縮（4）。

2 **1**

露出牙齒的笑容。這是在許多肌肉的合作下產生的。主角是將嘴角拉往左右方向的肌肉，將上唇向上提的肌肉群也發揮功用，而將下唇往下拉的肌肉也略出一點力。

嘴角的其中一端微微往外上揚的笑容。在優雅的中年男性臉上經常可見。不易與面無表情區分，流露出一種成熟的魅力。

即所謂的笑容滿面。是由眼睛與嘴巴肌肉所產生的笑容。使眼睛睜開及閉上的肌肉各自出力，並保持平衡。而使嘴巴能上下左右張開的肌肉，也使出強勁的力量。

嘴角略朝左右方向上揚的笑容。將上唇向上提以及將下唇往下拉的肌肉，幾乎沒發揮作用。此為只有嘴角露出笑意的笑容，給人一種穩重的感覺，卻又帶著些許冷漠。

發出笑聲時的笑容。在眼睛方面，尤其是讓眼睛閉上的肌肉發揮強大的功用。至於嘴巴方面，除了嘴唇往上下左右張開之外，連下顎也跟著向下移動。呈現張開大嘴的狀態。

眼帶笑意的笑容。在相互凝視時，即使只有眼睛笑瞇瞇的也能夠傳達感情。這是笑容的重要效果之一。這時，眼睛不僅會瞇起來，甚至還會向上彎成圓弧狀。

是笑容？
還是表情僵硬？

請看上面的照片。這位仁兄將他的傑出作品投稿參加CG比賽，結果順利獲得頭獎。這張照片就是他得知這好消息那一瞬間的表情。這麼一看，這張照片看起來真是笑容滿面。這是理所當然的事。不過，要是在這張照片底下再加上下面這段註解呢？這位仁兄在收到得獎

通知的隔天又收到一封通知，上面寫著：「上次通知事我們在業務處理時疏忽大意所誤寄的，您並未得獎，評選結果為落選。」上張照片就是他在得知此一壞消息時那一瞬間的表情。同樣的照片，與其說是笑容，看起來反倒像是「表情僵硬」。表情真是複雜難懂啊。

肌肉之間微妙的組合

由整個臉部出力而產生笑容，除了表情肌之外，連將下顎往下拉的肌肉也派上用場。此外，表情有強弱之別自然不用多說，就連使用的肌肉也因人而異。

諸如上述，雖然本文只舉出笑容為例，不過肌肉的功能也有各種形式（圖**N**）。光使用特定的肌肉無法做出自然的表情，癥結在於平衡問題，也就是因應不同的肌肉使出不同比例的力氣。能夠自行產生表情的肌肉其實不多，而各種肌肉的出力強度多少也會因人而異，因此肌肉的排列組合可說是無限大。總之，藉由控制臉部開關的肌肉動作之間微妙的組合，才能產生臉部表情。只要充分理解這點，我敢保證不論是用CG製作電影劇照或是臉部動畫，一定會相當逼真。

關於實際表情，我們就以「笑」為例進行探討。促使人發笑的原因很多，我們就以高興時及覺得好笑時的笑容為例，來分析「笑」整個動作的變遷。當我們高興時，是從眼睛開始笑。也就是從眼露笑意到「咧嘴」微笑。相對的，當我們覺得好笑時，是從嘴巴開始笑出來。也就是從露笑意到「哈哈大笑」（圖**M**）。

不過，即使我們針對最具代表性的笑容進行說明，人類仍然保留一種叫做個性的特質。而笑容特別能夠表現出一個人的個性。有些人的笑容僅透過少數肌肉略為出力而產生的；也有些人是藉

食物時，才會出現這種表情。
只有在極端煩惱或吃下非常酸的
實際上，這種表情並不常見，
狀態。

臉部整體就會愈集中。也就是整個臉部皮膚變成了「擠眉皺臉」中心移動。這些肌肉出力愈大，僅會緊閉，其周圍的皮膚也會往肌肉同時出力時，眼睛與嘴巴不呈閉上呈輪狀分布，因此當這些如何？由於使眼睛與嘴巴的肌肉如果眼睛與嘴巴緊閉起來又會

態。
萬分時的表情比較接近這種狀少發生，不過歡欣鼓舞或是震驚爆發」。這種單純的狀態其實很心，臉部整體處於呈放射狀往外拉的一種狀態。即所謂的「情感口，也就是以眼睛與嘴巴為中肉同時出力時，就為以臉部的窗

採訪・文 高井浩司

「該如何捕捉某一動作沒有千篇一律的準則，每個人的理解方式不可能100％完全相同的。」心理學者山田寬認為，在研究表情時必須根據這項原則。

在心理學上，關於表情研究有兩種看法。這兩種看法都是針對如何判斷某個表情屬於哪種感情提出的論點，其中一種看法是將表情分類為「高興」、「悲傷」等種類，替表情劃分界線，「此一表情隸屬這種感情」。另一種看法則是根據複數的指標來決定位表情。

具體來說，針對對方心情是否愉快（愉快・不愉快）、想睡覺還是精神奕奕（活動性）等進行評量並算出數值，根據此數據判斷屬於哪一種表情加以分類。山田寬正是站在後者的立場，針對從視覺上尋找能判斷表情的線索，進而就觀察對方的表情來判斷屬於「生氣」或「愉快」等的過程進行研究。

山田寬認為，「在動畫當中，即便角色不是人類，也能夠從臉部辨識表情。其實，這並非基於解剖學基礎下所創作的產物，而是從視覺捕捉到的資訊當中包含表情資訊。」

接下來我們將進行一個實驗，也就是從「Johansson流點光實驗」（圖1）中擷取出視覺資訊，再請多位受驗者使用簡單的臉部畫像做出表情（圖2）。

實驗結果，我們得知判斷表情的線索不光是從對方的臉部形狀來判斷，就連對方的立場以及自身狀態等文義上的效果也會影響判斷結果。比方說根據

1

在眉毛的兩端以及嘴巴周圍等臉部動作較大的部位加上光點，試著在黑暗中做出各種表情。雖然從移動的點無法得知性別及年齡等個人資訊，卻能夠得知一個人現在的表情。這些點的動向可說是自臉部表情所擷取出的資訊

2

在P1到P8這些可動的點上，以箭號標示移動方向。我們請36位受驗者做出6種表情，並加以平均化。透過計算及測量P點的移動量，發現「彎曲性、指示性」及「傾斜度」，可當作判斷表情時的線索。

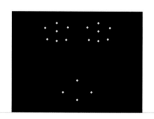

有下列3種：表示嘴巴及眼睛張開程度的「彎曲性、指示性」、表示嘴角的上揚程度的「嘴巴傾斜度」、以及表示眼睛與眉毛的上揚程度的「眼與眉的傾斜度」。我們將這3個項目分別設為x、y、z畫成坐標圖，以算出「生氣」、「驚訝」等表情參數（圖3）。

山田教授表示，在判斷表情之際，不經意地從表情感受到感情，其實平時看似不經意地從表情感受到感情，其實平時看似間還經過如圖4所示這段過程。像這樣了解接收訊息者的判斷構造，或許能成為製作表情的一種參考。現在，山田教授就以這3種線索為依據，試著進行做出預測表情的實驗。

實驗顯示，當我們喝酒後心情愉快，相對地對方的表情看起來就會顯得很愉快。

從上述實驗結果可知，我們平時看似不經意地從表情感受到感情，其實年時看似間還經過如圖4所示這段過程。

山田寬 先生
日本大學文理學部副教授
研究認識臉部表情心理學。
亦擔任宇宙開發事業團招聘研究員。
在日本顏學會※擔任理事。

從心理學世界的角度來看

肌肉與骨骼的動作、以及該動作所表達的感情，兩者間的關聯性無法單純地分割出來。還必須考慮到錯綜複雜的要素。不過，若能先了解其中的法則，就能成為製作CG時的參考。本文將在心理學尋找提示。

3

我們用「嘴巴彎曲性、指示性」、「嘴巴傾斜度」及「眼、眉傾斜度」這3要素構成一個3次元空間。藉由各要素的強弱來決定表情。例如高興時，嘴巴微張，嘴角會上揚，眼與眉的傾斜度也相當明顯。而厭惡時，嘴巴張開度及眼與眉的傾斜度雖與高興相同，不過嘴角卻是向下的。

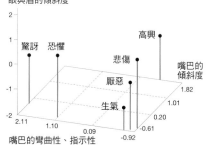

4

在第1階段，將表情相關的視覺資訊擷取出來。以求出受驗者臉部的「彎曲性・指示性」及「傾斜度」。

在第2階段，根據「愉快・不愉快」、「活動性」等基準對於所得的數值進行感情意義的評量（並根據文義上的資訊修改判斷）。

在第3階段，判斷這些評價歸屬於哪一種感情。在表示各感情的典型表情的點當中，分類到最接近的點上。

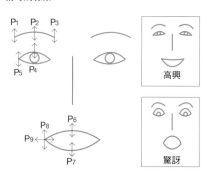

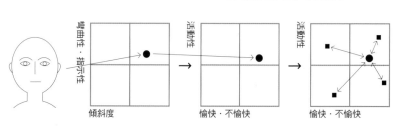

※為促進臉部相關研究的發展及推廣「臉學」，由一群臉部研究者以及對相關研究有志一同的人所組合的網絡。具體成績方面，曾在國立科學博物館舉辦大「臉」展等。詳細情況請參見本會網址：http://www.jface.jp/

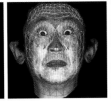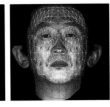

2

根據變形規則，
移動套用在Range data的網格頂點（Vertex），
做出表情。要知道移動量，
只有靠這個模型的頂點座標。
使用頂點構造相異的模型時，
必須重新收納變形規則。

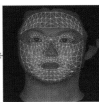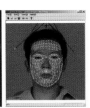

1

只要在整個臉部使用標準的臉部網格，
就能夠省下不少功夫。
右圖是在照片等平面圖像應用網格線。
xy資訊為照片本人的資訊，
至於深度的數值則使用標準模型的資訊。
左圖則是對應使用感應器所偵測到的3次元資訊。
其深度資訊也是使用照片本人的數值。

採訪・文・高井浩司

解剖學 深入探索 二

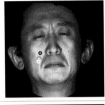

3

將畫像以像素為單位進行分割，
並測量表情變化前後（圖片上的2個點）
各細胞的移動量（結果為右上圖）。
接著擷取像素等級的移動量做為顏色分佈圖，
並製作Map（左上圖）。
將網格定義為更細的格線，只要貼上這張Map並選
用這個頂點座標，不論哪一種模型都能夠變形。

從工學世界的角度來看

你掌握到「表情」與「臉部動作」間的關聯了嗎？接著我們所關注的就是如何在電腦上將這二者間的關聯性予以影像化。下面就來聽聽重視互動性、研究如何將人類影像化的工學學者怎麼說。

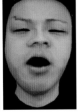

4

隨著表情變化而產生的臉部皺紋，
是無法透過圖3的手法呈現臉部變形的（右圖）。
因此我們將44種動作加以簡化，
得到12種相當於基本表情的紋理（Texture）。
將這些表情紋理配合表情變化加以混和之後，
就能夠使形狀及紋理變形同步進行（左圖）。

森島繁生先生
成蹊大學工學部教授
研究人物影像的合成與認識
每年在SIGGRAPH（譯注：由ACM SIGGRAPH所
組織的電影圖形學年度會議
中都有發表論文。
時常與山田先生共同合作策劃。
日本顏學會理事

5

表情變化以及說話時嘴型的合成之應用範例。
先追蹤電影主角的表情變化，
然後再反映到合成人物的臉上。
不僅如此，藉由將任意嘴型同時進行合成，
也能夠照出對著麥克風對嘴唸出的台詞

想用CG忠實重現人類動作需要花費龐大的時間製作，成蹊大學的森島繁生教授目前從事的研究，正是建構一套能節省製作時間、可和CG人物互動並進行對話的系統。同時也著手研究從建模、表情變形、到對嘴（lip synch）的過程中，不須耗費時間且能夠保持一定真實度的手法。

建模的手法如圖1所示。使用標準的臉部網格（Wireframe）當作人物的正面圖像，或是使用感應器（range sensor）測量得出的臉部正面資訊來製作。其次有關表情變形方面，在根據後者方法取得3次元資訊的網格上，輸入44種以心理學為基礎之臉部動作的定量化資訊。建立變形的規則。只要更換臉部畫像，就能夠根據這條規則使各種臉部做出動作。

然而，當使用這個方法讓其他網格變形時，必須配合網格的構造重新定義變形規則才行（圖2）。這時，為了以更細微的層次來收納變形規則，就得將使用感應器取得的正面畫像根據每個像素進行分割。將各畫素的移動量如熱感應器（thermography）所示做成Map（貼圖）（圖3）。此外，隨著表情改變而產生的皺紋表現，也能藉由紋理來呈現（圖4）。

另一方面，有關說話時的嘴型方面，先將5個母音發音時以及閉口時的嘴型進行建模，透過混和這些母音的強度，就能夠表現出任何子音的嘴型。也可以試著加上機械翻譯及聲音識別，並搭配上述表情變形的模型進行組合，應用方式相當多變。舉凡將電影主角的臉替換成自己的臉，成為電影中的登場角色（圖5），或是使用視訊電話與外國人通話時，將自動翻譯的語言與嘴部模型進行對嘴後，雖然在說日語，卻可以播放出在說英語的影像等，就是應用上述方式的。

首先，在進入詳細製作過程前，
先針對上一階段的基座製作方法進行說明。

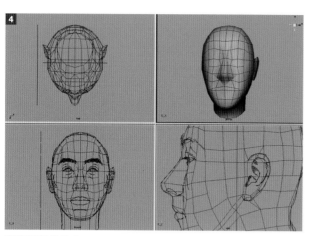

製作頭部的基座

首先，先準備製作臉部專用的正面圖及側面圖，用來當做模板配置在作業區域的front及side **1**。這次是以身邊的人為主題，因此我就以自己的臉部為素材。接著叫出一個多邊形的立方體，在〔Edit Mesh→Split Polygon Tool〕項目中指定立方體Edge的任何地方後，再指定其他Edge的任何地方，然後利用這2點連結而成的線將多邊形面進行分割 **2**。接著選擇並移動頂點，就能讓多邊形變形 **3**。基本上就是重複這一步驟，最後再調整形狀。這麼一來，就完成了形狀稍為接近模板的基底 **4**。

著重各部位細節
製作臉部

在本文中分別針對眼、耳、鼻、口各部位，
詳細介紹使用基本功能進行多邊形建構臉部模型的
過程。讓我們以身邊的親友或自己的臉為主題，
一同深入觀察並細心地建構模型吧。

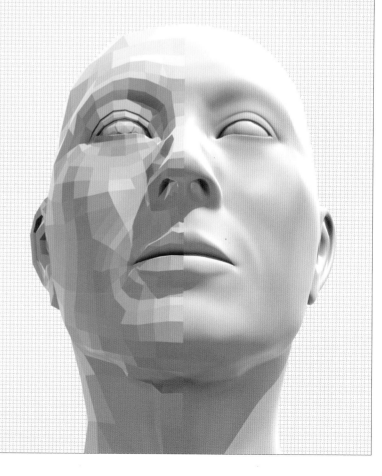

奧井宏幸
武藏野美術大學空間演出設計學科畢業。以
自由CG製作工作者的身份持續活動。有關
工作洽談隨時歡迎。請多指教。
http://www.oqi091.com/
使用軟體：Maya 8.5英文版

使用[Detach Component（拆分多邊形工具）]
分別移動頂點來做出眼眶的形狀
製作時，注意使眼瞼的張合自然呈現。

02_沿著眼球製作眼瞼

光是將通過內眼角及外眼角的Edge往眼球內側移動，無法讓上下眼皮沿著眼球呈覆蓋狀。如果保持這種狀態，就會妨礙後續的工程，因此我們稍微加幾道手續。先選取Edge，並執行〔Edit Mesh→Detach Component〕功能。這麼一來頂點就能各自移動，再將頂點分別往上下移動，形成眼睛張開的狀態 **1**。調整好形狀後，再選取分散的頂點，執行〔Edit Mesh→Merge〕功能 **2**。接著選取眼眶周圍的Edge執行〔Extrude〕後，就能從Edge擠出新的多邊形 **3**。然後再分割多邊形並調整形狀 **4**。製作時，必須要意識到連結鼻子與臉頰的肌肉佈線，做出自然的表情 **5**。以自己的臉部為主題的優點之一，就是在製作時能夠一邊觀察並觸摸臉部。待調整到自己滿意的程度後，我們暫時將眼睛部份先擱置一旁。

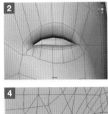

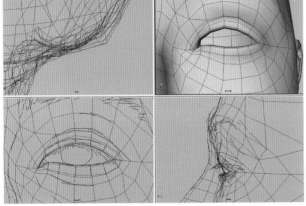

01_製作眼睛的雛型以及配置眼球

與製作基底時的訣竅相同，使用〔Split Tool〕沿著眼周的形狀將多邊形進行分割 **1**。先大略調整一下眼周的形狀後，接著針對眼周外側再分割出一圈多邊形 **2**。從側面檢視並進行調整後，再選用一個看起來像眼球的球體製作眼球，然後以模板為中心，配合模板配置眼球 **3**。為了讓眼瞼能完全遮蓋眼球，眼瞼的輪廓必須位於眼球前方，並將通過內眼角及外眼角的Edge往內側移動 **4**。

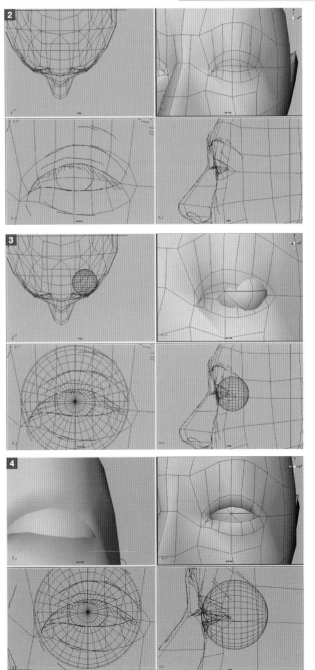

2 製作嘴巴與鼻子

製作嘴巴與鼻子時，其佈線方式與眼睛相同。
分別移動各頂點後，記得使用[Marge]功能進行合併。

02_ 製作鼻子

接下來製作鼻子。鼻子先不用挖洞，使用〔Split Polygon Tool〕將多邊形面進行分割後移動頂點，並調整形狀 1 。將鼻子調整出大致形狀後，接著意識到眼睛與臉頰連接部份再進行調整 2 。最後做出鼻孔，將鼻子與嘴巴間的佈線調整之後，鼻子就暫時告一段落 3 。

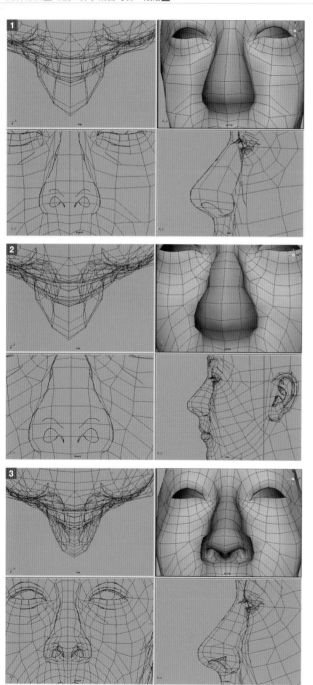

01_ 製作嘴巴

與製作眼睛的要領相同，沿著嘴巴周圍將多邊形進行分割 1 ，完成大致的形狀後，再細分多邊形並調整形狀 2 。形狀調整好後，為了做出嘴巴內側，與在眼瞼挖洞時的作法一樣在嘴巴挖洞。接著選取通過嘴角的Edge後 3 ，執行〔Edit Mesh→Detach Component〕功能，使頂點能夠各自移動 4 。調整好形狀後，選取凹槽周圍的Edge執行〔Extrude〕功能，來增加多邊形。由於這次不會給大家看嘴巴內側，因此嘴巴內側不需做的太精細即完成。調整形狀後，選取分散的頂點，執行〔Edit Mesh→Detach Component〕功能 5 。

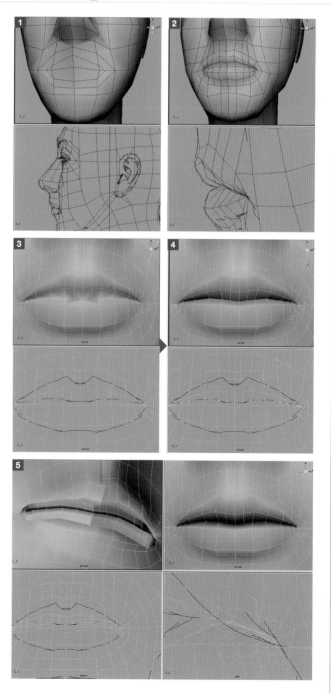

製作耳朵與完工

製作耳朵時，必須注意耳朵中央的凹陷處以及肌肉的佈線。
最後一邊顧慮到整體肌肉的連結，
一邊調整多邊形的佈線，完成模型。

02_ 整體的調整

在製作臉部的零件時，從眼睛到臉頰、鼻子；從臉頰、鼻子到嘴巴；從臉頰到耳朵，加上嘴巴到下顎、頸部的肌肉，都必須要意識到其間的連結，才能做出更逼真的表情**1**。在完工時，點選〔Mesh→Smooth〕加上一層Smooth，小心避免損壞下巴、下顎、以及額頭部份的彈性**2**。最後，人體建模就像素描一樣沒有終點，每次建模都會有新發現。為了學習技術，一定要不斷嘗試。

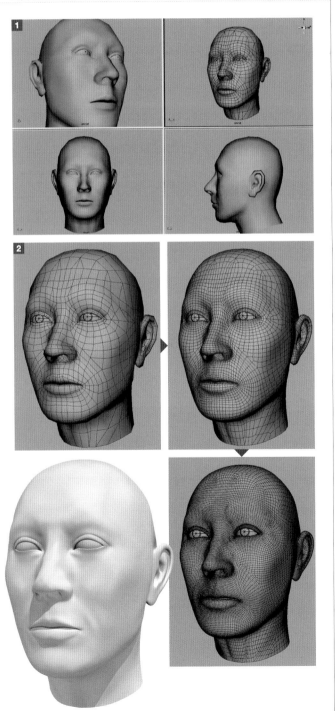

01_ 製作耳朵

由於耳朵的細節部份會因個體不同而有極大的差異，因此製作時必須仔細觀察。首先，先拉出一塊粗略的突起**1**，做出耳輪**2**。接著沿著耳輪分割多邊形，仔細進行製作**3**。最後做出外耳道，調整好形狀後即完成**4**。

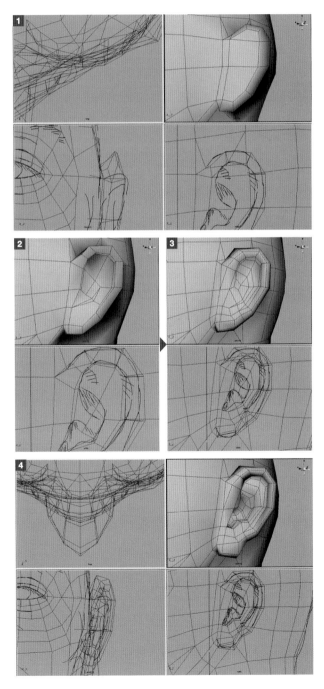

隨臉部平衡
的變化改變
「人物角色」的印象

什麼是讓角色具備「辨識度」的重要關鍵？「臉部整體平衡」為製作各種人物臉部的重要條件，根據使用方式能讓角色的形象截然不同，本文將針對這點進行探討。

SHINYA
製作環境：3ds Max 7

何謂「製作人類臉部時」的共通點？

參照實際人物的照片或是以設計圖為參考進行建模，亦或依照自己的喜好、自行構思的形象進行製作。提到用3D「做出人類臉部」，其實也有各種作法，不管採取哪一種方式製作，在「製作人類臉部」方面的重點卻是共通的。我們該如何製作眼、鼻、口、臉頰線條、以及取得整體平衡，才能夠給人該角色的印象呢？若能懂得這些條件，不論製作哪種類型的臉都能夠得心應手。否則就算細小的裝飾品、肌膚及眼睛顏色再怎麼符合設計

其次，就是細部的造型。只要各細微部份增強印象，就會影響臉部整體。使用3D製作臉部時，最好能夠將眼、鼻、口、臉頰等部份確實掌握形狀，使各部位顯得更立體。然而，儘管製作時再怎麼注意這些重點，在「年齡與性格」上還是容易出現誤

圖，只要臉部形狀一有偏差，看起來就像是另一個人。

在進行臉部造型時，剛開始最重要的一點就是整體平衡感。以頭部來說，臉部所占的比例以及長、寬、深度的比例、眼、耳、鼻、口等各部位的大小、位置及間隔，各部位的平衡均會嚴重影響整體形象，因此這個部份必須謹慎拿捏。

此外，在著手進行人類造型之際，思考肌肉的佈線是非常重要的一點。例如在製作男性結實的肌肉以及老人時，從表面上看能夠自然意識到而進行作業。同樣地，欲表現柔軟的肌膚時，只要能考慮到其肌肉佈線來進行建模，就能夠完成高品質的模型。

差。比方說模型比設定的形象顯得更年輕、或是顯得蒼老；角色偏向男性化或女性化等，這些情況經常發生。與其說這些狀況造成整體平衡出現誤差，主要的肇因反倒出自於瑣碎的細節上。能否調整這些細節部份，就是最後的重點。

Point   1

整體平衡感

首先最基本的條件，就是整體平衡感。以頭部為例，像是臉部比例、以及臉部當中各部位的位置及大小。如有設計圖時，可將設計圖墊在下方，即可輕鬆地配置各部位。此外，諸如下顎、鼻樑的長度等與年齡息息相關的部份，必須特別注意。

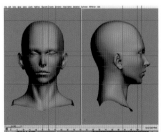

這次模型的臉部整體平衡

確認細節

整體製作到一定程度，欲確認細節時，可一邊打光一邊進行確認。與使用攝影機（Camera）從各種角度進行確認時一樣，有些形狀必須使用各種類型的燈光進行確認後才看的出來。

一邊打光，一邊確認細節部份

增加質感

執行Mapping，在增加質感後的狀態下進行確認。若造型製作細膩，也比較容易貼上紋理，因此從模型形狀就能確定基本形象，即便使用稍微大膽的紋理，也不易改變角色的方向性。

增加質感後確認模型

完成

"表情"是製作人類臉部時最重要的重點。這是因為在做表情時若忽略該人物（角色）的個性，看起來就會變成另外一個人。

這次我們以「正式攝影時與私底下氣氛截然不同的模特兒」為主題，因此在最後階段，我們不使用私底下的"笑容"。此外髮型及臉部輪廓也會影響整體印象，必須一併考慮，因此必須一邊注重平衡，一邊進行調整。另外，落在臉上的陰影也會嚴重影響整體平衡，最好一邊打光，一邊進行調整為佳。

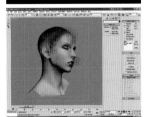

在模型上加上髮型

從臉部平衡
所感受到的印象差異

圖❷是將圖❶模型的臉頰稍微下拉，並縮短鼻樑而成的模型。光是這點就能夠大幅改變印象，也能感覺出年齡差距。在圖❸中，又將眼睛的位置往前方移動，使臉部整體稍帶圓潤感。即使眼睛、鼻子、嘴巴等部位的形狀相同，只要稍微改變其間的平衡就能夠改變印象。尤其是從側面看來，臉頰線條更是一大重點。

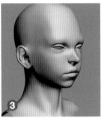

將基本模型（圖❶）的臉頰稍微下拉，並縮短鼻樑（圖❷），接著再移動眼睛位置，使臉部整體稍微帶有圓潤感（圖❸）。

製作眼睛

眼睛是決定臉部印象的重要部位。除了從正面所看到的眼睛形狀之外，同時也必須注意從側面看到的形狀、斜下方所看到的曲線進行製作。此外在製作眼睛時，最好能夠同時調整眼睫毛為佳。這是因為隨著眼睫毛的不同，也會改變眼睛的輪廓。

製作眼睛時，也順便調整眼睫毛

製作嘴唇

嘴唇形狀與眼睛相同，也是容易成為特徵的部位。光是大小不同就能夠改變整體印象，因此容易調整印象，同時嘴唇也是能夠呈現「豐厚」、「輕薄」、「柔軟」、「堅硬」、「輪廓明顯」等細微變化的部位。

此外，嘴唇兩端及其周圍的肌肉所形成的凹凸相當複雜，若能仔細地進行造型，就能夠增加模型的立體感。由於嘴唇這部份也受到Lighting（打光）極大的影響，因此最好能實際打光並確認形狀。

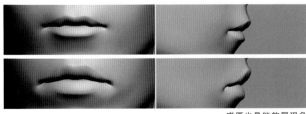

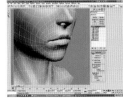

嘴唇也是能夠展現角色特徵的部位，即使其他的部位保持原狀，只要改變嘴形的平衡度，給人的印象就會完全不同。

描繪嘴唇周圍複雜的凹凸

探索成人「臉部」與小孩「臉部」的差異

區別成人臉部與小孩臉部的重點是什麼？本文將從「建模」、「紋理」以及「動畫」方面來探索臉部大小、各部位的平衡等造型方面、膚質差異、以及動作的不同

本城 なお（http://www.fureai.or.jp/~pui-kyu/在網站上隨時發表作品）
製作環境：Maya 6.5

成人與小孩的「臉部」重點分別為何？

這次我們要製作的是男性及小女童的臉部。

男性的年齡設定為30歲前半。臉部上帶有還不願承認自己的年齡、有些敏感的氣質。女童約為5～6歲，是個可愛的小女孩。

製作時的重點，在於是否能充分表現大人與小孩間的差異、是否能理解男女構造的不同而進行製作。若這些重點表現得曖昧不明，就會變成年齡不詳的怪人，這是因為製作人物最重要的「臉部」變成缺乏個性的成品所致。

成人男性的「臉部」，沿著骨骼與肌肉的佈線製作而成。因此必須注意臉頰及下巴線條，以及眼、鼻、口的大小與形狀。尤其是眼、鼻、口部份，這三個部位並非個別製作，而是為保持平衡，在最後階段才一體性地完成。髮型是以街頭風的狼剪為基礎，由於的肌膚為目標。

設定為30歲前半，因此髮型呈現略為穩重的感覺。因為是社會人士，因此頭髮保持自然髮色。至於紋理方面，在膚色、眉形、瞳孔及唇色，必須呈現出30幾歲的氛圍。尤其是眼睛與嘴巴周圍為重點部份。這個時期雖然還不到被叫「大叔」的年齡，但也不算年輕人，因此雖然不需加上「皺紋」，但最好能夠加上代表不再年輕的「鬍渣」。

而小女孩的「臉部」，由於骨骼被肌肉所包覆，因此製作時要呈現出柔嫩的肌膚。與男性相同，製作眼、鼻、口時要一邊保持平衡，一邊進行製作，小女孩時則需注意各部位的大小及圓潤感。尤其是臉頰的線條，一定要仔細完工。

小女孩的頭髮髮色烏黑有光澤，髮型則是直而柔順的娃娃頭。紋理方面，柔嫩有彈性的肌膚以及臉頰上的紅暈也相當重要，以做出相當年輕且膚質細緻的肌膚為目標。

成人的「臉」→年齡：30歲前半，性別：男性
重點→骨骼與肌肉的佈線、臉頰與下巴的線條、嘴巴大小與形狀、嘴唇顏色、膚質（眼睛與嘴巴周圍）
小孩的「臉」→年齡：5～6歲，性別：女性
重點：被肉包住骨骼般的柔軟肌膚、眼睛、鼻子及嘴巴的大小與形狀、下巴線條的圓潤及大小
MEMO

70

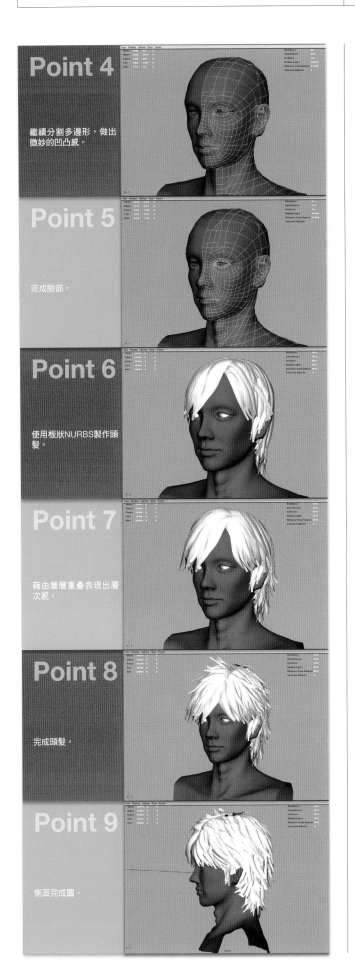

Point 4

繼續分割多邊形,做出微妙的凹凸感。

Point 5

完成臉部。

Point 6

使用板狀NURBS製作頭髮。

Point 7

藉由層層重疊表現出層次感。

Point 8

完成頭髮。

Point 9

側面完成圖。

〔 製作成人的「臉部」〕

男性臉部的建模,是先從簡單的模型開始進行詳細的製作。然而在製作過程中也愈難進行修正,因此必須一邊從各種角度檢視臉部輪廓,一邊進行修正。

臉部的各部份為並非個別製作,而是如同繪畫一樣慢慢地進行整體製作,不僅能夠保持平衡,同時成品也容易建立形象。此外,由於整個頭髮是使用大量圖層做成髮型,因此製作時必須注意髮梢的方向及走向。在頭頂甚至有髮根站立的部份,因此能夠表現細節部份。

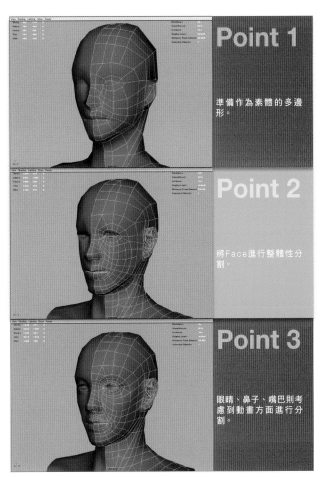

Point 1

準備作為素體的多邊形。

Point 2

將Face進行整體性分割。

Point 3

眼睛、鼻子、嘴巴則考慮到動畫方面進行分割。

Facial	instance

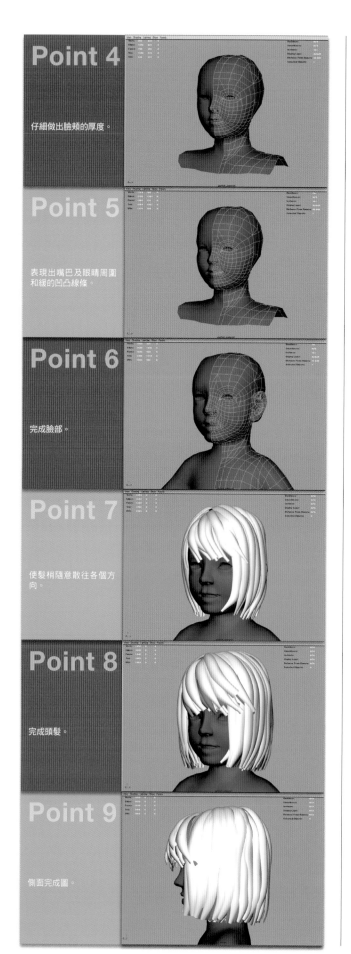

【 製作小孩的「臉部」】

即使是小孩的臉部建模，表現出女性肌膚柔軟的特徵也是一大重點。剛開始時，先調整整體平衡。特別是臉頰到下巴的線條要多加注意。除了側看臉部之外，就連臉朝正面時臉頰的線條也會出現差異，記得要細心調整。此外，眼睛、鼻子、嘴巴的平衡及大小也要仔細調整。

髮型方面，雖然髮型外觀相當單純，必須避免做出粗糙的髮型。髮梢稍微帶點層次而非一直線，因此必須將髮型作細微的變形及調整。

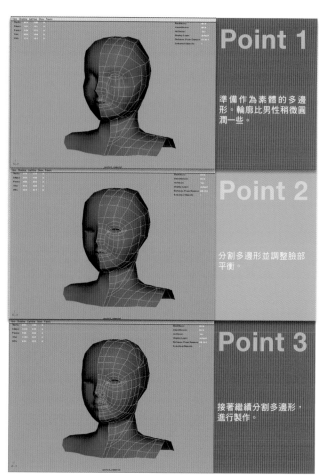

Point 4 — 仔細做出臉頰的厚度。

Point 5 — 表現出嘴巴及眼睛周圍和緩的凹凸線條。

Point 6 — 完成臉部。

Point 7 — 使髮梢隨意散往各個方向。

Point 8 — 完成頭髮。

Point 9 — 側面完成圖。

Point 1 — 準備作為素體的多邊形。輪廓比男性稍微圓潤一些。

Point 2 — 分割多邊形並調整臉部平衡。

Point 3 — 接著繼續分割多邊形，進行製作。

製作「臉部」紋理

紋理採用手繪方式製作。為了呈現肌膚質感，我們先將準備好的樹枝圖片進行加工，做出肌膚基底，然後上色。男性肌膚則在這張圖片加點雜紋，使肌膚凹凸更明顯，並在嘴邊以及下巴等部位塗上較深的顏色。因為女孩的肌膚水嫩，毋需進行加工，不過得視肌膚部位不同改變色調。

Base

❶用樹枝圖片做為肌膚質感的基底
❷皮革圖片
❸成人與小孩的基礎膚色。混合多種顏色並加些雜紋。

小孩「臉部」紋理

成人「臉部」紋理

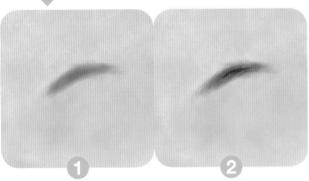

① 女孩眼部的基底
眉毛色彩使用略為明亮的顏色

② 完成女孩眼部
眼周只有大塊的濃淡之別

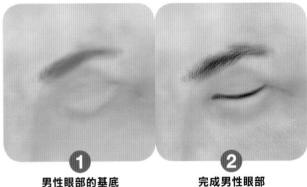

① 男性眼部的基底
畫出眼眶並上色

② 完成男性眼部
使用細筆刷描繪眉毛

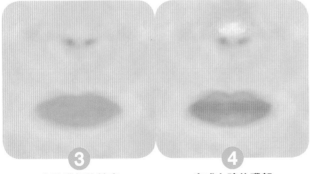

③ 女孩嘴部的基底
這裡也使用較淡的色彩來上色

④ 完成女孩的嘴部
保持輪廓柔和

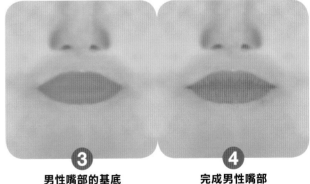

③ 男性嘴部的基底

④ 完成男性嘴部
如果唇紋等畫得太粗糙，就會破壞平衡，必須要小心

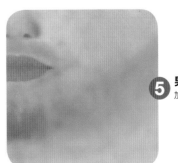

⑤ 男性下巴周圍
加上毛孔般的雜紋即完成

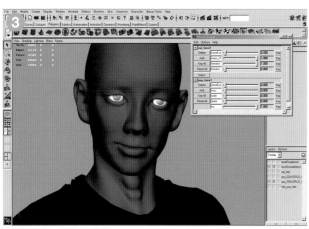

男性模型的Blend Shape測試

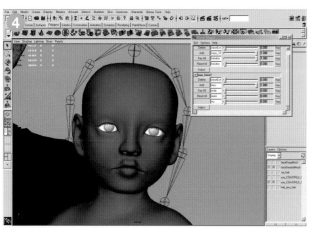

女孩模型的Blend Shape測試

在上半身先裝設簡易的骨架。使女孩的頭髮能微微飄動

畫面專用的配置圖像。配置時,必須要考慮兩人間的平衡

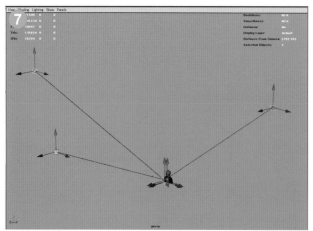

燈光則配置3處燈源,使光線充分打在臉上

【 製作動畫 】

我們使用上一頁所做好的人物角色,來製作只有頭部動作的簡單動畫。

使用Blend Shape設定表情,製作出幾種表情。此外,除了頭部動作與頸部動作外,透過大人與小孩一起活動讓人更明確感受到兩者造型的不同。由於模型所使用的是SmoothProxy,因此在素體模型則使用Blend Shape來製作。不需詳細製作的部份則直接移動頂點(Vertex)進行調整,像是嘴巴及臉頰等需要大幅度變形的部位,則使用Deformer進行變形。

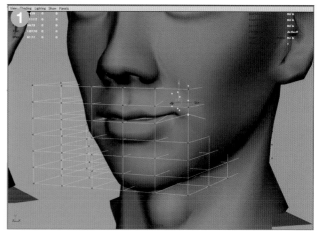

製作Blend Shape專用模型

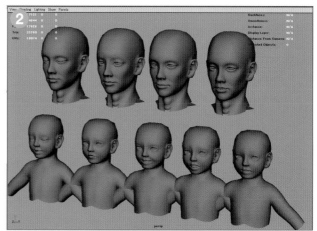

這次做的是長達10秒的動畫,配合動畫做出4~5種類型模型

完成

左圖是成人，右圖
是小孩「臉部」的
紋理

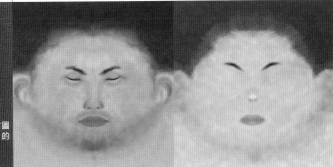

從化妝術學習變幻形象

化妝・解說 ▼ 川合直美（TONY TANAKA BEAUTY SCHOOL 講師）模特兒 ▼ 若松佑歌子（Prestage）

有時俏皮可愛，
有時性感動人……
化妝能讓一個女性自由自在地變幻風貌。
其實在化妝魔法的背後，
存在著一條相當縝密的法則。
若能理解這條法則，應用在CG上，
就能夠做出高水準的臉部紋理！

成熟、華麗、明艷的形象

Sexy

可愛、溫柔、充滿女人味的形象

Feminine

知性、乾淨、高雅的形象

Intelligence

EyeBrow

眉毛的長度會左右臉型長度，是決定臉部印象的重要部位。理想的眉形是從眉頭到眉山與眉山到眉尾的比例為2：1。基本上，眉色則是使用介於髮色及瞳孔顏色之間的顏色。

將眉毛畫的稍微細長一點。畫出有角度的弧線，提高眉山的位置，使臉顯得修長。將眉頭往內側畫，在鼻樑暈開，呈現鼻樑直挺，表現立體感。

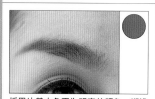
採用比基本色更為明亮的顏色，塑造輕柔的印象。眉形為柔和的弧線。將眉毛長度畫的稍微短一點，使臉部看起來較為平面顯得年輕。

為了勾勒出意志堅強的印象，將眉毛稍微畫粗一點。眉形為線條緩和的弧線，或是在眉山附近畫出有角度的眉角。顏色使用一般的中間色。

Eye

含有眼球的部份稱作眼窩，在這個部份加上顏色，可調節眼窩呈現出平面感或立體感。在眼瞼的邊界畫上眼線，可以加長眼角長度，使眼睛看起來變大，並改變眼睛在臉上所呈現的效果。

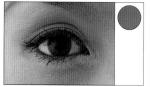
使用帶有成熟韻味的金棕色，在眼窩淡淡地塗上一層，在外眼角部份增加使用略深的顏色，以呈現出立體感。並使用眼線及睫毛膏來強調外眼角。

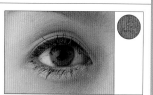
眼線使用充滿女人味的紫色，略看得出顏色即可。眼球中心部位的眼線畫粗一點，使眼睛顯得圓亮，並在眼睛下方塗上明亮的色彩，更具立體感。

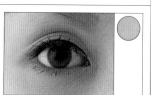
眼窩選用略創造出陰影即可、較接近肌膚的色彩，而非強調色，避免過於華麗，呈現高雅氣質。眼線要仔細描繪。

Cheek

在臉頰上妝時，是用腮紅在臉頰上色。如果沒有刷上腮紅，就無法呈現臉部的立體感。在刷腮紅時，若從顴骨下方往斜上方刷出一道線的話，看起來較為成熟；若是在顴骨上方橫向刷出一道線的話，看起來比較年輕。

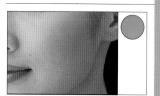
在顴骨下方刷上腮紅，以呈現出立體感，塑造成熟印象。腮紅選用使臉部略顯削瘦的暗褐色或是深橘色。

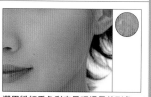
選用粉紅系色彩來呈現溫柔的形象。在顴骨上方輕輕地橫向刷上腮紅。若是過度往內側刷，超過眼珠的位置，看起來就像是曬黑一樣，要小心。

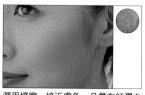
選用樸實、接近膚色、且帶有紅潤血氣的色彩。在顴骨下方往斜上方刷上腮紅，以呈現立體感，給人成熟的印象。

Lip

根據想呈現的女性類型不同，適合的唇色、質感、以及唇形也各有不同。除了要考慮到色彩形象之外，明度、彩度的調節也相當重要。一般而言，粉紅色系看起來比較可愛俏皮，橘色系則顯得健康活潑。

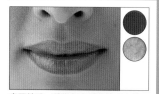
畫唇線時，稍微超出嘴唇輪廓之外，在嘴唇外側使用暗色，中心部份則使用明亮的顏色，呈現出充滿立體感的性感雙唇。

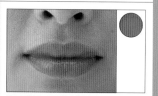
不要讓唇形顯得有稜有角，使輪廓顯得柔和。唇色使用有光澤的粉紅色系，使嘴唇帶有潤澤的質感。上唇膏時，使唇形略顯豐腴。

使用自然系色彩。唇形不要畫的太大。上唇色時注意畫出角度，輕輕地描出唇形，使唇型清爽明顯，呈現結實的嘴部。

描繪紋理　　製作模型

畫下巴的鬍鬚時可以使鬍鬚呈平躺狀，但由於鬍鬚的量太多，相當費時。因此可以先畫好一邊的鬍鬚後，使用鏡射複製，再補畫連結部份並加上Mask。最後加點變化即完成。

為避免紋理顯得單調，所以必須畫出皮膚的凹凸不平。

Color Texture完成。要讓陰影明顯呈現出來時，所需描繪的量就會大幅增加，因此我們在Bump Map用紋理亦使用相同的圖像。

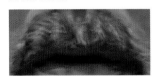

描繪鬍鬚。首先從嘴邊的鬍鬚開始畫起。畫鬍鬚時，與畫頭髮時使有長度的毛髮攤平似的不同，必須畫出鬍鬚的立體感，否則看起來會很不自然，必須特別注意。

老人的紋理與皺紋較少的女性臉部紋理不同，由於老人臉部上有相當明顯的陰影，因此盡可能使左右呈現不對稱狀態，否則就會顯得做作。特別是眼周部份，描繪時一定要清楚彰顯左右眼周的不同。

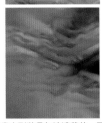

光是畫出形狀是無法遮蓋的，因此連外眼角的皺紋陰影也必須要仔細描繪。使用一般的筆刷，一邊變更筆刷大小進行繪製，不需特別費工夫。

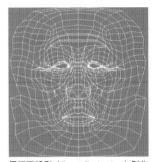

老人與皮膚光滑的女性模型不同，必須呈現凹凸不平的皮膚，用形狀表現出外眼角及額頭上較大的皺紋。

用正面投影（Front Projection）製作UV Map。除了圍巾使用的是照片素材之外，其餘全部使用紋理從頭開始描繪。與上一頁的女性模型不同，下面將以老人的特徵為主進行說明。

Post-Processing（後處理模組）

未加工的彩現（Render）畫像。我們用這張畫像做最後的調整。如果能將畫像調整到接近最終形象當然最好，但如果調整不好就會使顏色偏掉，設定時盡可能避免使色彩糊掉，並使用較廣泛的色階以方便後續調整。

調整後的最終畫像。將繪圖模式以及調節圖層進行調整，並層層疊上。基本上主要是調整對比及色調，亦可以使用Alpha Channel複製景深（Depth）畫像並選擇範圍，使用高斯模糊（Gauss）或Dof（景深）效果，可依個人喜好隨意變化。

製作環境▼ **Photoshop & LightWave 3D**

文・範例▶ **Chi・Lang**

老人

描繪老人特有的肌膚

完全手繪就能畫出如此逼真的紋理！

年輕女性

文・範例●**Chi-Lang**

在新增的圖層使用灰階（Grayscale）來製作臉部整體的細紋。接著使用三級左右的灰階，運用筆刷輕拍Tablet塗滿整個紋理，避免凸顯使用Stamp Tool（印章工具）複製的感覺。在拍打的瞬間，作成些微移動，創造出簡單的紋路。

將圖層進行複製後，再增加浮雕效果（Emboss）。接著將繪圖模式設定為Hight Light，不透明度設為80%，然後進行合併。

完成皺紋的基本紋理

接下來，再新增一層較粗的皺紋紋理。使用50%灰階塗滿新圖層，再點選濾鏡（Filter）加入雜紋。

2	1
## 臉部整體的陰影及細紋	## 製作參考圖

2 臉部整體的陰影及細紋

首先先描繪整體的陰影。右臉部份只要概略描繪即可。

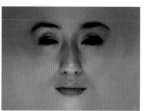

將畫好的紋理執行Mirror（鏡射）。然後進行最後作業，使左右兩邊不對稱。注意避免使用單一顏色，分別運用紅、藍以及陰影色來進行描繪。

1 製作參考圖

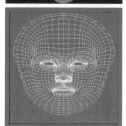

完成模型後，使用正面投影（Front Projection）製作UV Map（UV貼圖），並展開側面部份。接下來開始進入製作紋理作業，這裡使用Tablet進行繪製。

6

陰影與細紋 合成

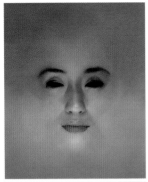

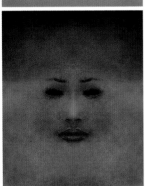

截至目前為止我們已經針對各部為進行解說，但在實際作業時幾乎都是同時進行，完成Color Texture陰影畫像（上圖）以及Grayscale（灰階）皺紋畫像這二張紋理（除了眼球例外）。

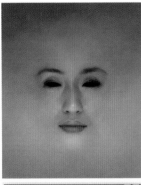

最後進行合成。在紋理上加上一層皺紋畫像後，使用濾鏡模式調整輝度及透明度。接著將Tone Curve群組化，調整為出現淡淡的皺紋。皺紋畫像經過調整後，當作Bump Map來使用。事實上，使用相片是最簡單也最輕鬆的方法，但在紋理特集中我特地不用相片，改採用Tablet進行描繪的方式。

5

眉毛、鼻子、嘴唇

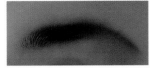

眉毛的陰影（上圖）、皺紋（中圖）以及合成畫像（下圖）。頭髮及眼睫毛使用Sasquatch繪製，眉毛則是用紋理來表現。使用一般的筆刷工具一根一根地描繪而成。眉毛外側有一半是化妝，因此眉毛愈往外側愈稀疏，然後改用大筆刷描繪眉形。

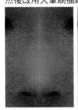 

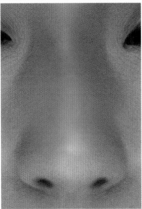

鼻子的陰影（右圖）、皺紋（左圖）以及合成畫像（下圖）。盡可能先描繪出陰影，最後進行合成時再將不必要的部份使用擴散（Diffuse）效果。

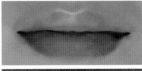

三種嘴唇畫像。表現出口紅的紅潤感。描繪時注意不要左右對稱，並畫出凹凸感。唇色方面，不要使用深紅色，改用紅色及淡粉紅色，再使用注射器工具（Syringe Tool）選擇接近膚色的顏色。

由於細紋不能使用便利的濾鏡進行製作，因此在描繪時必須考慮眼周的紋路，隨機畫出不失單調且富立體感的線條。

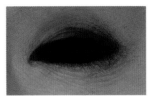

將陰影與皺紋合成後的畫像。

4

繪製眼球

使用這張底圖加上黑眼球及毛細管做成眼球。

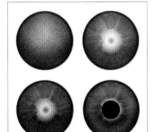

黑眼球部份是將呈放射狀的雜紋，使用暈開效果做成底圖描繪而成。另一方面，毛細管則是先畫好一片，接著上下左右複製而成。

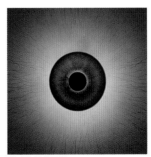

眼球的最終圖像。

加上浮雕圖案後，使用「移動暈開」做出些許波浪狀。

使用波浪變形讓圖案大幅彎曲。

將完成的畫像覆蓋之後，配合皺紋走向貼在上一步驟的皺紋（左）後如下圖所示。最後再加上濃淡變化。

3

描繪眼睛

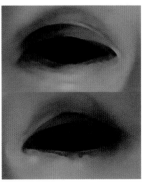

雖然不會展現眼部特寫，不需要特別描繪眼睛內側的皮肉部份，但因為眼睛屬於重點部份，最好能仔細繪製。繪製時使眼部陰影呈現左右不對稱狀，然後與UV合併。

範例・文 望月 昌樹
自由CG設計師。最近大多從事影像設計方面的動物、人物
角色以及機器的製作。
URL●http://www.dab.hi-ho.ne.jp/mochizuki-m/
使用軟體：3ds Max 8、Photoshop 7.0

以圖層為單位進行製作

在製作老人皮膚這般複雜的物體時，大多使用層層重疊、增加質感的方式，先從大範圍的基底皮膚開始製作，然後再針對皺紋及斑點等細節部份進行製作，才能有效率地製作紋理。

具體步驟方面，先描繪在多邊形的頂點Color上的立體感及陰影。接著使用黑白色系，描繪紋理素材所無法充分表現、沿著人體構造所產生的龐大立體感。然後在前面做好的基底皮膚上，一邊將紋理素材進行加工，一邊層層重疊，就能夠一個個地描繪出皺紋、表皮的肌理、顏色變化以及皮膚的傷痕等細微要素。為了建構這種多層次的紋理，就必須先充分理解各種圖層類型經過重疊後所產生的效果，並靈活運用。如此才能利用線性加深和色彩增值等各種重疊方法，再加上透明度的調整和圖層調整，有效率地調整其合成狀態。

一般大多先從Color Texture開始製作，而筆者則大多先使用Bump Texture做出基本形狀，之後才著手製作Color、Specular等其他的紋理。

增加圖層刻劃細節部份
老人

老人的皮膚除了要表現皺紋及斑點之外，
還得呈現細微的肌理及複雜的質感。
在基底上，透過將樹皮、和紙等素材進行加工
及重疊的方式，表現出細緻的質感。

11.皮下透出的血管

接著繪製從皮下透出的近似青色的血管。總之先貼上圖像，再使用Rendering一邊確認，一邊削除不必要的部份。然後再換成近似青色的色調，加上高斯模糊效果後，能降低透明度，使畫面融合。

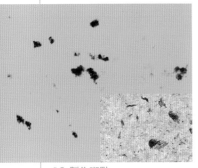

12.製作斑點

在老人特有的斑點部份，也是擷取和紙的深色部份再貼上。將相同的圖層複製後加以重疊，上面再使用Soft Light打光，以增加變化。將部份圖層擦掉後，也會改變整體色調與感覺。

13.調整質感與完工

完成的紋理。為了在材質上能呈現出老人乾乾巴巴的皮膚質感，在擴散反射色彩領域使用MooDeeShader來進行細微調整。耳朵、眼瞼等光透射過去的部份，則使用RayTrace Material的「螢光」功能來照射。並準備照射專用的紋理與Falloff搭配使用。

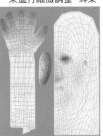

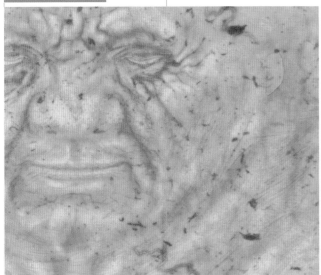

8.透射皮下，增加斑點

肌膚並不是單色的，而是具有多種色相。使用「Soft Light」打在圖案不規則且具有機的和紙上，穿透暗沉和皮下，再加上老人斑。這時，最好使用接近補色的色調。

9.呈現血管上層的肌膚

看得到毛細血管透出的部份方面，先將網狀的和紙紋理調為紅色，只在顏色較深的部份使用「色域指定」擷取，然後再貼上。使用筆壓一邊調整「橡皮擦」的使用，一邊進行擦拭，以表現出纖細的斑點。

10.追加細節部份

將彩度調低，並疊上一層明亮的色彩，使皮膚較薄的部位能夠透出皮下的骨頭。這也是將使用Gradation Map彩色的畫面，與複製Bump Texture的圖像重疊，以避免損害到細節。

頭部

4.調整整體的肌膚紋路

將和紙素材進行加工，作為肌膚紋路之用。將細緻的紋理圖案化及排列後，覆蓋在整個皮膚上，然一般的狀況下不斷重複大多顯得相當明顯。因此，我們將紋理複製到圖層上，再旋轉90度。

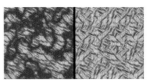

5.利用雲彩圖案的Mask

使用雲彩圖樣作為Mask使用，消除上圖的部份圖層。這個過程約重複二次左右，就會變得比較不顯眼。

6.用Overlay功能來重疊肌膚紋路

肌膚紋理是Bump整體位在最上面的一層，為降低對比，因此使用Overlay來重疊。這種圖層亦適用於身體、手臂等其他紋理，具有統一的作用。

7.製作Color Texture

利用做好的Bump Texture製作Color Texture。對Bump（凹凸）加上陰影後，再使用Gradation Map做出基礎色彩。最後再追加各種要素，進行加工。

1.使用模型

捕捉老人臉部最大的特徵來製作頭部，例如嚴重下垂的鼻子、明顯的眼窩與顴骨、以及下垂的臉頰等。我們製作的是逼真的人物像，而非「老人的角色」。

2.配置皺紋

活用樹皮曲線，在適當的位置配置較長的皺紋。剛開始時最好重疊配置，不留空隙，然後再用橡皮擦將不必要的部份擦掉，以消除接縫並整合。

3.整合圖層（Layer）群組

與其他的樹皮皺紋一起重疊，整合成一個圖層（Layer）群組。由於這個圖層群組是使用覆蓋（Overlay）功能蓋在底層之上，因此能夠自然融合，使底層的陰影也發揮功效。

使用樹皮及樹墩作為小細紋的基礎。樹皮可用來表現覆蓋在整個手指甲及手臂上的皺紋；樹墩則用來呈現手指甲上所見的又深又明顯的皺紋。

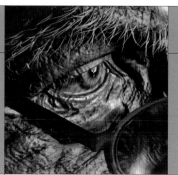

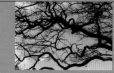

使用數位相機所拍攝的紫薇。由於這次模型的虹膜顏色較淡，因此使用樹枝的圖案來呈現錯綜複雜的血管，製作虹膜組織。

手腕與手掌

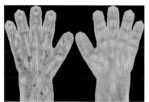

4.分別描繪皺紋
分別描繪位於手背、手掌、手臂部份的基本皺紋形狀，並仔細畫出不同的表情。

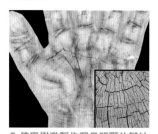

5.使用樹墩製作深且明顯的皺紋
從樹墩中龜裂的紋路可取得紋路尖銳的圖案，可用來當作老人的掌心及指腹的深且明顯的皺紋。只要將各種樹墩的圖案加以組合，就能做出表情。

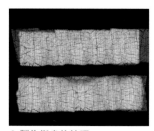

6.製作指尖的紋理
將二張同樣使用樹墩製作的圖案重疊並縮小後，製作手指專用的細微紋理。由於原型相同，因此不會產生彆扭感。

7.準備Spe-cular Highligt用圖像
準備二種Spe-cular Map，一種是整體的Highlight用，一種是更強、更尖銳的Highlight用，然後將這二種Specular Map重疊起來。右圖為尖銳的Highlight用Specular Map，特別強調血管。

1.手部模型
手部與臉部一樣，都是能夠明顯表現年齡的部位。皮膚下垂、從皮下透出來隱約可見的骨頭、明顯的血管等，都是老人手部的特徵。

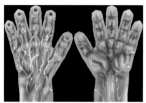

2.以手繪方式呈現凹凸感
就檔案容量而言，由於在建模上無法呈現的肌肉、骨骼以及肌肉較大的凹凸部份，都是沿著手部構造而生的，因此用手繪方式來表現。

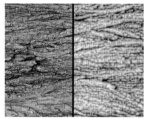

3.使用樹皮紋理製作皺紋
準備覆蓋在手背及手臂等範圍廣泛之部位的皺紋。在樹皮紋理上使用免費軟體Photoshop Filter的「Local Equalization」，來增加皺紋的弧度。

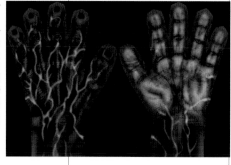

眼球

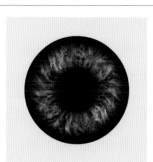

4.藉由帶有立體感的階層構造呈現複雜感
使用「Canvas Size」將圖像放大，做成眼白的基底。接著在使用Gradation Map上色的紋理上，新增一層圖層，為呈現出虹膜的甜甜圈形立體感，將眼白及瞳孔的邊界調暗。

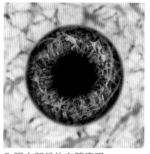

5.眼白部份的血管表現
使用色域選擇去掉樹枝圖案的底色，然後變更透明度再加以重疊，構成錯綜複雜、層層重疊的構造。眼白部份的血管方面，則是將進行極座標變形後的樹枝紋理以及和紙圖案兩者混和後所製作的。之後，為了讓眼球看起來更顯老，將彩度及對比調弱做出滲透感，然後再加上一些微妙的色彩變化。

6.增加眼球的混濁表現以及完工
透明部份使用的是右圖的Mask，，最後再增加浮在眼球上的混濁斑點即完成。基本上，眼球是不會改變形狀的，因此只要存檔成畫框型的圖層檔案，日後就能夠透過各種組合做出不同色彩及模樣的物品。

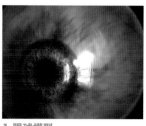

1.眼球模型
雙重構造的眼球。外側覆蓋一層透明的零件，作為覆蓋瞳孔前方的水晶體以及包覆眼球全體的淚水。內側的虹膜，則做成甜甜圈形的中央突起的形狀。而瞳孔則往內凹進去。

2.使用極座標變形來製作虹膜
首先，為了製作眼球的整體構造，先將帶有錯綜複雜表情的樹皮紋理進行極座標變形。為避免單調，同樣使用其他畫像製作數張紋理，並加以重疊，調整透明度後再加以混和。

3.黑眼球及眼白的血管狀圖案
將整理好的樹枝圖案同樣進行極座標變形。這部份也要製作約2～3種圖案。

使用市售的2D設計用資料素材。用來當作畫框周圍的雕飾。

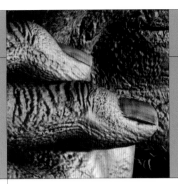

將縱向且紋路自然的樹皮圖案縮小後使用。將圖案變形後，做成大小二種類型的紋理。

老舊的畫框

指甲

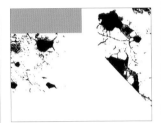

5.基底木材的分別上色
針對金色雕飾以及基底木材的材質分別塗色的Mask圖像。藉由角度的切換，就能知道這四邊的零件是由不同的木材所構成的。

6.製作Bump Map
描繪出玻璃上的割痕還有污垢的Bump Map。藉由放著玻璃上的割痕不管，表現出畫框的陳舊以及陳置的環境。雖然在作品上幾乎看不出來，但是從這個部份就能看出說服力的差別。

7.紋理完成
完成的紋理。使用Mask圖像將色彩斑駁的畫框以及基底木材這兩種材質混和（Blend），呈現出金色雕飾剝落的感覺。

1.畫框的模型
與空無一人的房間一樣老舊的畫框。斑駁的金色雕飾、留下裂痕的玻璃、沾到汙漬的地毯等，都是使用紋理來製作。畫框上附著的灰塵，使用的是Max的Top／Bottom Material功能來呈現。

2.將素材灰階化
這次要想做的是溫暖且單純的圖案，因此選用花的連續圖樣當作畫框的裝飾。將色階調到2後，再擷取圖案的部份。

3.製作Bump用的紋理
從擷取出的圖案讀取選擇範圍後縮小，再重複用白色塗滿、調整不透明度這個過程做出Bump用的紋理。

一般

覆蓋（Overlay）

4.色彩斑駁、裂痕的表現
將舊化塗裝的紋理覆蓋在金色雕飾上，以呈現出龜裂感。接著將這個紋理複製後，使明度對換。在黑色的塗裝部份只擷取裂痕周圍部份，使用「一般」來進行合成。即使是連續出現的裂痕，最好也稍微改變裂紋的出現方式，增加一些變化。

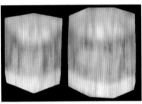

4.基底色彩
如上圖，每個零件均使用Gradation Map來上色。以此為基準，並增加一些變化以及舊化。

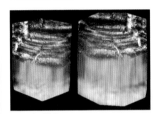

5.增加橫紋
除了縱向的條紋之外，因發育不良所造成的橫紋則從其他的樹皮紋理移植過來。若再加上指甲尖端的污垢，更能增添真實感。

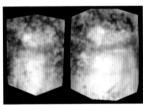

6.使用Specular Map
在指甲底部的斑點、毫無光澤的部份，使用Specular Map來表現極大的落差。
7.完成
下圖為完成的紋理。帶有老人特有的暗黃色。

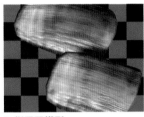

1.指甲用模型
指甲是最能表現出年齡的部位。年紀愈大，指甲表面就會出現大大小小的凹凸，指甲顏色也會變得比較深。

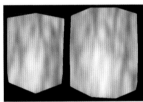

2.做出指甲整體的起伏
將樹皮圖案模糊化後做成圖案，然後橫向排列，以做出指甲整體和緩的起伏。

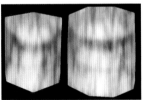

3.紋路、指甲半月痕、指甲尖端的明暗
將同一種圖案往橫向擠縮，以做出浮現表面上的條紋，然後再疊上一層圖層。而指甲的半月痕以及指甲尖端，亦使用明暗分明的圖層一層一層地重疊製作。

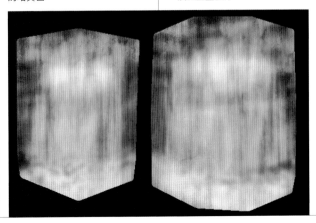

林田宏之
最近搬到神奈川縣一個靠海的城鎮，
名叫秋谷。夏天真是令人期待。
http://www.hayashidahiroyuki.com/
使用軟體_Photoshop CS、Maya 8.5

利用照片製作

栩栩如生的年輕男性肌膚

對初學者及入門者而言，製作如照片般逼真的 CG 臉部的門檻相當高。
CG 與繪畫及雕刻一樣，為了重現栩栩如生的質感，必須具備紮實的造型力，
而在本文當中將活用 CG 使用電腦操作這個優點，來探討如何使用更簡單的方法進行製作。

本文的參考網站：
「Human Photo References for 3D Artists and Game
Developers」
可低價購得高畫質的人體圖像
http://www.3d.sk/

在這一回的內容，將介紹使用照片來製作紋理，即使對繪圖能力沒啥自信的人也能夠輕鬆上手。然而，直接將照片貼在 3D 模型上就能夠表現出逼真的質感嗎？其實不是這樣。使用照片製作雖然可以免除從頭開始辛苦描繪紋理的麻煩，不過為了在 CG 上呈現以假亂真的肌膚質感，還是需要加上根據觀察而來的表現能力。

所以最重要的一點，就是「觀察」。所謂觀察，也就是從觀察對象上找出特定法則。比方說，這次我們使用照片來製作紋理，若是能找出照片上所記錄的色彩及明暗的資訊、以及實際臉部的凹凸資訊與泛油光的程度等之間的關聯性，就能將這張照片加工，製作出Bump Map（凹凸貼圖）及Specular Map（反光貼圖）用的紋理。這一回我們將一邊意識到這點，並試著摸索盡量排除繁瑣的手繪步驟的作法。

所謂將照片貼在模型上，是指賦予該模型固有色彩的資訊之意。然而，光是靠固有色彩的資訊是無法呈現肌膚質感的。臉上的細紋及毛孔等的凹凸、因皮脂分泌造成滿臉油光、體毛造成光的散亂以及皮膚厚度的不同造成的光線透射的程度等，必須考慮到這些錯綜複雜的要素來製作肌膚的質感。因此，儘管使用的是高畫質的照片所做成的高畫質照片所做成的即時模型般不自然的紋理。

UV座標的設定

在進入製作紋理作業前,必須先設定UV座標。為了畫出符合多邊形形狀的紋理,必須將設定完畢的UV的Mesh當作圖像進行Export,然後使用Photoshop等繪圖軟體來讀取,

依照Mesh進行描繪為佳。將形狀錯綜複雜的UV座標進行適當的設定看似相當費時麻煩,不過Maya具備豐富且便利的編輯UV的功能,若能善加利用,就會省下不少功夫。

相反地,若輕忽這項作業時,製作紋理時就會相當辛苦,甚至嚴重影響最終成品的品質,因此最好能謹慎進行作業為佳。

STEP 1
在多邊形使用 UV

這次所使用的多邊形模型**1**。在設定UV時,多邊形的分割數最好能控制在這個程度為佳(如果一開始就分割得太密,編輯時會相當麻煩)。選取臉部的多邊形,在工具選單中執行〔Create UVs→Cylindrical Mapping〕。在設定Default時,由於只套用在臉部的前半部份,因此在使用UV後,在〔Projection Horizonrtal Sweep〕項目中設定為360度**2**。這麼一來,在多邊形周圍就會顯示圓柱狀的操控器**3**。

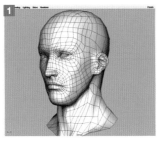
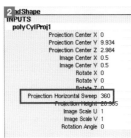
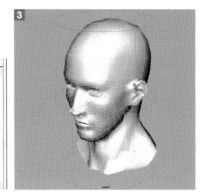

STEP 3
使用 MEL Script 繼續編輯 UV

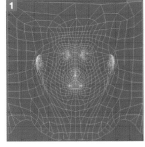
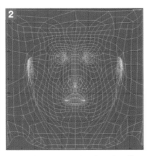

在上述步驟,UV的設定已幾近完成,為了提高作品的品質,接下來要使用MEL Script繼續編輯UV。在頭部當中最先注意到的,就是包含眼、鼻、口等部位的臉部前半部份,後頭部及頭頂部因被頭髮遮蔽,因此不太顯眼。這時,使用MEL Script,盡可能展開佔整體UV的臉部前半部面積後,即便使用低解析度的紋理,也能夠維持作品一定的品質。**1**為原本的UV座標,**2**則是執行MEL Script後的UV座標。

```
3
//UVを中心から外側へ膨張させるスクリプト
// by H.Hayashida

float $fac = 0.7;
string $obj[] = `ls -sl`;
int $uvnum = `getAttr -s ($obj[0]+".uvpt")`;
float $uvValue[], $ufac, $vfac, $u, $v;

for($i = 0; $i < $uvnum; $i++) {

    $uvValue = `getAttr ($obj[0]+".uvpt["+$i+"]")`;
    $ufac = 1-abs($uvValue[0]-0.5)*2;
    $vfac = 1-abs($uvValue[1]-0.5)*2;

    //print("["+$i+"]: "+$ufac+", "+$vfac+"¥n");

    $u = 1+$fac*$ufac;
    $v = 1+$fac*$vfac;

    select -r ($obj[0]+".map["+$i+"]") ;
    polyEditUV -pu 0.5 -pv 0.5 -su $u -sv $v ;

}
```

選取臉部的多邊形(注意是選取多邊形物件,而不是UV上的頂點),在Script Editor執行這個Script後,就能使UV從中心向外側膨脹。只要更改第一行的〔float $ fac=0.7;〕的數值,就能夠調整膨脹的程度**3**。

STEP 2
使用 UV Texture Editor 編輯 UV

打開UV Texture Editor來看,如圖所示,即可知道UV座標已經設定好了**1**。在這個階段也可以開始製作紋理,不過為了提高作品品質,必須再下一道功夫。例如在眼、鼻、口、耳等多邊形相當複雜的部位,如圖**2 3 4**般重疊。此外在製作UV時,相對於圓柱座標、角度幾近垂直的面,其UV Mesh就會變得相當密集。如此就會妨礙Mapping,因此必須要適當地重新展開UV。

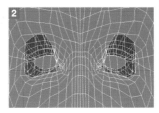
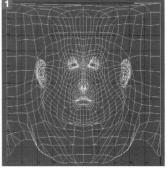
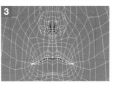

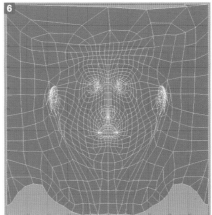

為了確認UV重疊的部份,須將Editor的Shade設為「On」**5**。接著,在UV Texture Editor中選取所有UV的頂點,執行〔Polygons→Unfold〕後,就會如圖**6**所示重新展開UV,變成更適當的狀態。**7**為執行〔Unfold〕的選項。

選擇照片以及製作Color Map用的紋理

使用繪圖軟體將選好的照片進行Collage，製作整體紋理的基底——Color Map用的紋理。相信大家都知道，挑選照片時除了選擇與自己製作的人物形象之性別、年齡相仿的人物之外，膚色也盡量選擇較為接近的顏色，這麼一來就能避免在日後的作業作白工。

最重要的是照片取得方式，如果對自己的攝影技巧深具信心，當然也可以使用自己拍攝的照片。如果攝影技術不佳或是周遭沒有合適的模特兒的情況下，也可以比照筆者這次採用的方式，即上網購買照片。這時候有一點必須特別注意，也就是盡量選用高解析度的照片（2K～3K）。因為這樣才能做出高品質的紋理。

STEP ①
選擇照片

這次主要使用的照片 1 2。最好選用從各個方向打光均勻的照片為佳。此外，不要只使用單一方向的照片，如圖所示，至少使用正面及側面這2張照片。

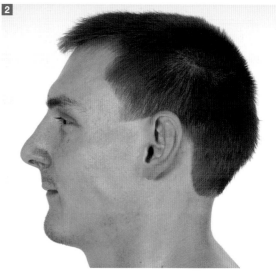

(c) Peter Levius www.3D.sk

STEP ②
UV Mesh 圖像的 Export 以及紋理的製作

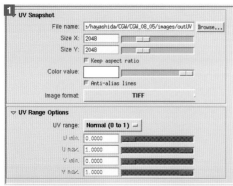

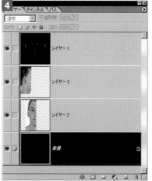

在UV Texture Editor執行〔Polygons→UV Snapshot〕，將UV Mesh圖像進行Export。解析度則在考慮作品的最後Output的Format之後再決定，這次我們設定為2,048 x2,048畫素 1。接著，使用Photoshop讀取照片以及UV Mesh圖像。為了更符合UV Mesh圖像，因此將照片裁切後加以變形 2 3，然後再加上一層圖層 4。首先，先製作左半部或右半部 5，接著翻轉複製後，做成另一半的圖像。

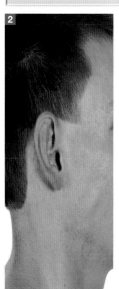

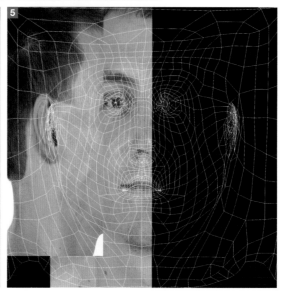

圖像不足的部份，則使用Copy Brush來增補，並從其他可能使用的部份進行複製＆貼上，填滿其中 6。此外，使用橡皮擦以及Copy Brush來去除接縫，使畫面融合。其他以及眉毛、嘴唇等部份，若在其他照片上看到更好的部份，也可以擷取後貼上。

86

STEP ④ 關於肌膚「顏色」—「刻板觀念」是罪魁禍首—

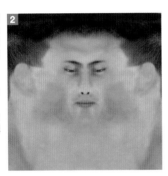

1 一聽到「膚色」，你的腦中會浮現什麼顏色？大部分的人都會聯想到明度高、彩度略低的橙色，也就是化妝品中的粉餅的顏色 **1**。這就是一般人對肌膚顏色所持有的「刻板觀念」。其實這種「刻板觀念」，正是造成人們遠離「觀察」的罪魁禍首。一旦認定「肌膚就是這種顏色」然後製成濾鏡，也就不容易站在客觀的角度上來觀察事物。的確，或許有部份肌膚與這種顏色相同，但是講極端一點，人體沒有任何一個部位的顏色是相同的。在觀察事物時，消弭腦中的「刻板觀念」，這件事相當重要。

2 是將Color Map用的紋理之肌膚顏色，統一使用刻板觀念中的「膚色」，只有在明度上增加變化。接著，將顏色的濃淡變化變得更圓融，消除細紋及毛孔等。這次我們使用照片來製作紋理，倘若從頭開始皆採用手繪紋理的情況下，大多會作出這種紋理。另外，即使使用照片當作紋理的基礎，也可能因塗上多層刻板觀念的膚色加以潤飾（Retouch），而變成這種單調的顏色。

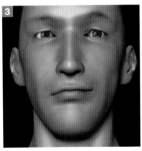

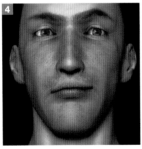

3 是貼上使用上述刻板觀念膚色的紋理所完成的圖像。**4** 則是貼上以照片為基礎，在色彩上經過深思熟慮後所完成的紋理之圖像。這兩者之間逼真程度的差異顯而易見。

STEP ⑤ 關於 Shading

即使完成了高水準的紋理，但只要Shading調整失敗的話，就會使紋理顯得很不自然。這次要特別注意的，就是陰影的「陰暗」部份。皮膚之下有血管及血液流動。此外，肌膚上會受到某種程度的光線透射，或是受到自身發出的反射光線照射，因而使得陰暗部份變成略帶紅色的暗影。「陰暗＝暗沉＝黑色」，這也是阻礙客觀觀察的一種刻板觀念。這裡我們使用Shader的〔Ambient Color〕來增添些許血色 **1** **2**。雖然這個方法具有光線照不到的部位也會變得明亮的缺點，卻是能夠輕易地在陰影部份增添血色的方式。Shader使用的是Blinn。這次我們沒有使用Subsurface以及Final Gather等GI的手法，不過Rendering的速度也極為快速。這回使用的燈光為三盞平行燈源。其中一盞為從正下方打上來、不留陰影的微弱紅光 **3**。雖然這是一種小小犯規的手法，但由於本次作品屬於靜止畫面，所以沒有任何問題。

STEP ③ 削除光澤（Highlight）成份

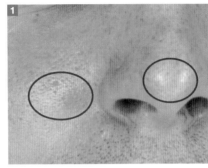

因為是Color Map用的紋理，若是出現光澤（Highlight）部份就會相當麻煩。這裡我們介紹一個能夠輕鬆消除光澤部份的方法。首先，在紅色圓框部份 **1** 點選〔選擇範圍→指定色域〕 **2**。接著，點選〔Image→色調修正→色相及彩度〕降低選取部份的明度，並提高彩度 **3**，這樣就能夠消除光澤部份 **4**。**5** 為完成後的Color Map用的紋理。

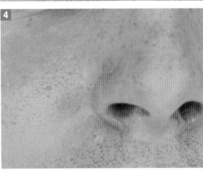

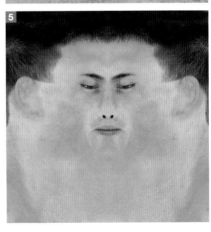

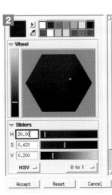

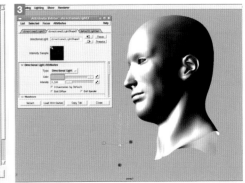

製作Bump Map用以及Specular Map用的紋理

如本文開頭所提到的,如果照片上所記錄的色彩資訊與製作CG時的凹凸資訊有關連性時,就可以將Color Map用的紋理加工做成Bump Map用的紋理。實際上,只要照片人物不是上了極厚的妝,基本上凹陷的部份膚色較深,突出的部份膚色較明亮,因此直接使用照片來製作Color Map也不會發生太大的問題。相反地,若是Color Map用的紋理品質較低的話,就不能用於其他用途(例如Specular Map等),因此除了會徒費功夫之外,也會使Color Map與其他的紋理之間缺乏關連性,使紋理品質發生問題。由上述可知,仔細製作作為基底之用的Color Map的重要性了。

STEP 2

製作 Specular Map 用的紋理

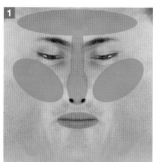

由於Specular Map上肌膚突出的部份較為顯眼,凹陷的部份比較不明顯,因此也可以使用Color Map或Bump Map來製作。然而根據臉部各部份的皮脂分泌量的不同,也會大幅改變Specular Map的強度,因此多少需要進行修飾(Retouch)。皮脂分泌量多的「T字部位(紅色部份)」調整成比較明亮;綠色部份的明亮度則略低於T字部位 **1**。其他部份則調整成比較陰暗。整體對比度調得比Bump Map高之後便完成了 **2**。

3 為沒有加上Specular Map的圖像。由於Specular Map是平均分佈在整個臉部,因此特別不易表現出皮膚的柔軟度。**4** 為加上Specular Map的圖像,請特別注意嘴唇光澤的部份。其實Specular Map的光澤表現力遠比Bump Map更加出色。因此,雖然 **4** 沒有加上Bump Map,不過光靠Color Map以及Specular Map就能夠充分表現出肌膚質感。事實上,使用攝影機從遠方拍攝CG人物時是看不到細微的Bump Map的,因此Specular Map就發揮了強大的功能。

STEP 1

製作 Bump Map

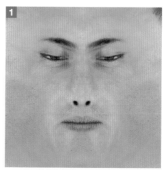 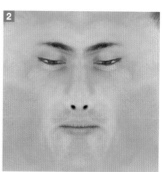

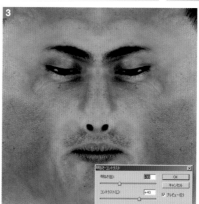

Bump Map用的紋理只要掌握明暗資訊即可,為避免增加檔案容量,先暫時將Color Map用的紋理 **1** 的彩度調到0,變成黑白圖像 **2**。然後再調整明亮及對比,最好能強調明暗的細節為佳 **3**。

 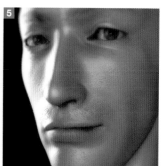

4 為加上Bump Map之前的圖像。**5** 為加上Bump Map後的圖像。特別是在光澤顯著的部份,更能凸顯Bump Map的效果。肌膚的凹凸感會依年齡、性別而大不相同。比方說像年輕女性般 **4** 幾乎感覺不到Bump Map也不錯;相反地,使用過強的Bump Map會降低肌膚的柔軟度,造成反效果 **6**。各位可以透過鏡子觀察自己的臉,與CG作個對照。

人體皮膚

動物是我們最熟悉的生物，因此也是最重視逼真度的主題。同樣都是動物，但地球上卻存在著各種類型的動物，例如人類、以四肢走路的哺乳類、魚貝類、昆蟲、爬蟲類、以及鳥類等。此外，依照生長環境的不同，同一種類的生物其特徵也會大相逕庭。像這樣，如能熟知動物的特徵並反映在紋理製作上，就能大幅提昇作品的逼真度。使用有依據的素材，是不用依賴寫實變形器而提昇品質的一大前提。

在這個單元中，將針對製作機會頻繁的人類皮膚這種生物特徵，講授相關的基礎知識。

小知識 01 不同的人種肌膚也大不相同

不同的人種其膚色也不同，這是因為遠古時代的祖先們為適應環境，導致黑色素含量各有不同。

尼格羅人種（黑人）
因生活在靠近赤道地區（熱帶），在紫外線強烈照射下，使得黑色素增加。

高加索人種（白人）
因生活在極地附近（寒帶），紫外線的照射較弱，使黑色素減少。

蒙古種人（黃種人）
黑色素含量介於尼格羅人種與高加索人種之間。

小知識 02 皮膚下方有血管

同樣是「膚色」，不過仔細觀察人類的肌膚就會發現，肌膚還分成各種顏色，例如嘴唇及耳垂等偏紅的部份、略帶青色的部份、以及偏白的部份等。

左圖為一般臉部的照片。右圖則是將臉部彩度一律調為「0」，使「膚色」均勻的照片。這麼一來，照片看起來就不像活生生的人。

小知識 03 肌膚與光澤部份（Highlight）

肌膚質感的表現會因光澤部份（Hightlight）呈現方式而大大地不同，皮脂分泌旺盛的部份顯得較有光澤，皮脂缺乏的部份則較為暗沉，這點要特別注意。

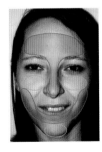 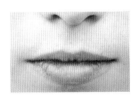

紅色部份為皮脂分泌旺盛的部份，在化妝品界俗稱「T字部位」。相對的，藍色部份（相對於T字部位的U字部位）則缺乏皮脂。綠色部份則介於紅色與藍色部份之間。

由於嘴唇的質感易於其他部位，因此此光澤部份的呈現方式也相當獨特。使用CG來表現嘴唇時必須考慮到這點。

小知識 04 皺紋與凹凸等細節

一般而言，使用CG重現人類時，皮膚上細微的凹凸及斑點等細節部份愈多的人，在製作時愈顯得逼真。然而，由於年輕女性的肌膚光滑細緻，因此很難用紋理來表現肌膚的質感。素體模型的多邊形形狀的好壞，也就成為決定模型品質的關鍵。就這一點而言，可以說老人反而比較容易製作。

女性（左）與老人（右）。肌膚上細微的特徵愈多，愈容易製作CG。

雀斑、斑點及痣等，成了表現真實性的幫手。這些特徵只要仔細觀察容易出現在臉上哪些部份即可（左）。皺紋的形狀與表情動作，與肌肉構造、年齡等關係密切。也可以觀察皮膚容易下垂的部份以及頭蓋骨的關係等（右）。

參考文獻●「人體（Wide V）」出版社：學習研究所

防止
"角色變形"
的造型及設定

使用3D模型製作動畫時，你是否曾經遇過明明是同一個角色，卻出現表情宛如他人的狀況？
為避免發生所謂"角色變形"的情況，在造型及設定上有何訣竅？

林田宏之（http://www.hayashidahiroyuki.com/）
製作環境：Maya 7.0

避免3D模型發生「角色變形」的訣竅

問題，就算是現實生活中的人物，隨著表情的不同看起來也宛如他人的情況也屢見不鮮。因此，用將各種變形予以統一的方式執行起來並不容易。最好能採用適合各個部位的變形及限制方式。

在進行設定時有一點必須特別注意，即經常注意頭蓋骨及其周圍肌肉的狀態。因為頭蓋骨的形狀不可能變形，即使肌肉能夠伸縮，也不會改變其份量。若是這一部份變形的話，看起來就會形同他人，因此製作時最好能一邊參考解剖圖，一邊進行製作。

在製作人物角色時經常會遇到的問題，就是該將臉部表情動畫化到何種程度。一般來說，負責角色製作造型的建模師對於臉部造型會特別下功夫，因此若是動畫師隨便讓角色做出奇怪的表情的話，建模師往往會反應激烈，提出抗議：「這個角色不可能做出這種表情！」。

實際上，角色表情動作究竟該活動到何種程度才不會跳脫角色既有的形象，這點的確是微妙的。

最為簡便的方法，就是仿效2D動畫的製作方式，先準備「笑臉」、「生氣的臉」、「困惑的臉」等具代表性的表情的設計圖，提供動畫師參考進行作業。但是在參考進行的情況下，每個動畫師的解讀方式不同，因此為了能夠正確的解讀參考圖，最好連3D模型的設定參考圖為2D插圖的話，由於臉部採

動畫師必須先訂好協議，就每個角色的表情呈現方式建立某種程度的限制。

即動畫監督、設計師、建模師與動畫師必須先訂好協議，就每個角色的表情呈現方式建立某種程度的限制。

既有的形象，這點的確是微妙的。

部肌肉的動作相當複雜，因此採

Point 1

製作模型

本文所使用的模型。造成角色變形的原因，大多出在設定及動畫，因此在建模時不需過於神經質。不過，若沒有先針對細微的動作進行細部分割的話，在製作動畫時就會相當費時。

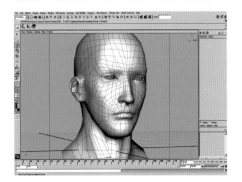

使用特殊設定方法加上表情

臉部的動作可概分為二種：由關節運作帶動產生的動作以及表情肌所產生的動作。此外，同樣是表情肌帶動產生的動作，還可分成只能朝某一方向活動的單一模式，以及自由度高的動作。因此，根據動作種類的不同，也有不同的設定方式。

MEMO

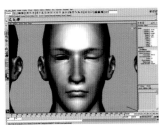
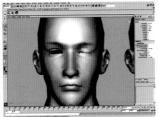

眼瞼的張合動作則使用BlendShape的in-between功能,來設定眼睛半開以及完全閉上這二種模型。這麼一來,就能夠重現非直線式且自然的動作。

眼瞼並不是單純的上下開合,而是如圖所示朝臉的中心方向斜線動作,這點也要特別注意。

使用Cluster進行設定

舉凡眉毛及嘴邊等朝各種方向活動的部位,使用Cluster進行設定是最有效的。由於BlendShape可以無限制地將各種變形進行混合,因此變形時容易忽略骨骼與肌肉方向,此為其缺點。

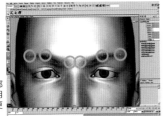

在左右眉毛各設定3個Cluster。由於臉部表情會受眉毛的形狀左右,因此在使用Cluster時,如果能再加點微妙的動作會更好。

動作的限制

所謂角色變形,是因為某些部位變形程度超乎骨骼及肌肉的可動範圍所致。因此,為避免各部位出現不合理的變形,一定要在各部位建立限制。

在❶部位中,將下巴的Joint中不可移動的Attribute鎖住。下巴的骨頭不僅會縱向移動,同時也能夠往橫向輕微活動,但若移動幅度太大就會造成臉部變形。在❷部位中,將Joint各座標軸的移動量加上限制。

與Joint不同,由於Cluster可無限制地活動,因此必須設定更為嚴謹的動作限制。基本上,肌肉並非呈直線狀,而是會沿著頭蓋骨的表面移動,因此必須要預備一塊比臉部稍小的形狀,對它進行Geometry Constrain,來移動Cluster。

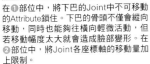
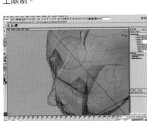

眉毛的Cluster是在頭部內設定各部位的PivotPoint,使Cluster以頭部為中心進行移動。如果只是想讓Cluster簡單移動的話,也可以使用Skeleton。不過若使用Skeleton的話,一旦模型受到拘束時,就會使後續變更變得更麻煩,此為其缺點。

與下巴相同,將Cluster上用不到的Attribute鎖住,並設定各座標軸的移動量限制。

使用Skeleton
設定下巴

臉部的所有表情大多使用BlendShape來控制,而下巴的動作是由關節運作所產生的,因此最好使用Skeleton為佳。這是因為使用BlendShape的話就會做出直線動作,成為角色變形的肇因。

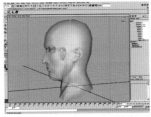
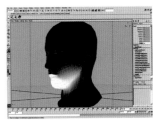

頭部的Skeleton構造。下巴的關節位在耳朵內側附近,故我們如圖所示建立Skeleton。

使用繪圖功能在下巴的Joint的影響範圍內進行設定。

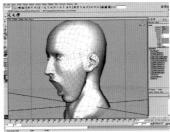

試著讓下巴的Joint活動看看。在BlendShape中,看似單純地將下巴往下拉使嘴巴張開的設定,事實上下巴就是這樣以耳側為中心進行旋轉運動。

使用BlendShape
進行設定

接下來,我們使用BlendShape來設定下巴動作的補完以及閉上眼瞼這二種動作。由於這二種動作均只能朝特定方向活動,因此使用BlendShape就綽綽有餘。

對著鏡子觀察自己的臉部就知道,當嘴巴張開時,由於肌肉收縮使得❶及❷附近會突起;相反地,❸的附近則因肌肉伸展而產生些微凹陷。如果沒有仔細重現這些細節的話,就會使嘴巴張開的動作變得做作。

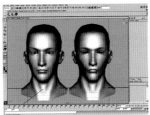

先製作❶～❸各部位變形後的模型,再設定BlendShape。

操作Joint使嘴巴張開時,為了使這個變形動作能夠自動套用在模型上,就必須設定DrivenKey。首先,在嘴巴閉上的狀態下將BlendShape的權重(Weight)設為「0」後按下鍵盤,接著在嘴巴張開的狀態下,將BlendShape的權重設為「1」後按下鍵盤。

製作臉部表情有二種方式，一是使用Blend Shape，一是透過Joint進行操作。Blend Shape是將模型當作Target（目標形狀物體），因此容易操作；Joint則可直接加上曲線動作，不需建立Target，因此檔案較小。各位可根據自己的喜好及使用目的，任選其中一種方式變形或是兩者併用。本文主要是介紹設定簡單的Blend Shape，以Joint做為輔助。

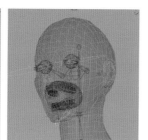

Blend Shape主要的作業就是建立Target。之後只需進行形狀融合變形，所以不必對建立步驟多做說明。若是在本文介紹如何將建立Target的繁瑣步驟合理化的方法，就必須列舉移動工具中的「一對稱移動設定」、「微修正工具」、「頂點平均化」、以及「Lattice」等功能。這樣就會變成工具列介紹特集了。因此，本文以建立非對稱模型的左右Target的作法為主，利用「Lap」、「Attribute的傳送」、「Blend Shape Weight Point Paint Tool」等一般建模鮮少使

用的工具，來說明如何建立Target。

本文略帶強制性地在範例模型上使用Joint。既然使用Blend Shape的話，最好統一用Blend Shape會比較單純，不過我們在眼瞼以及口腔內側使用Joint搭配Blend Shape來製作。或許各位會覺得，何必在單純的Blend Shape上進行複雜的設定呢？但其實，眼瞼與下巴均是屬於曲線活動，最適合使用Joint進行製作。令人意外的是，直線移動的Blend Shape與曲線移動的Joint這兩者的整合性竟相當協調。

Blend Shape及
輔助骨架的設定

提到臉部動畫的基本篇就想到Blend Shape
Blend Shape必須建立許多Target，
本文將針對Blend Shape的有效率的作法、應用技巧，
以及操作時的訣竅進行解說。

牛山雅博
http://usms.ws/
自由工作者
職業學校的非常任講師
目前正悠哉地自行製作影片

使用軟體
Autodesk Maya 8.5

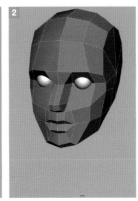
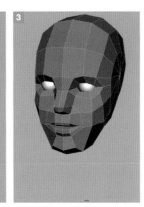

建模

為了在臉部加上表情，因此臉部的建模的分割線必須往動作方向配置。我們可以說，增加表情的設定早在建模階段就已經開始了。在這個階段，幾乎就能決定是否能夠替模型加上好的表情。

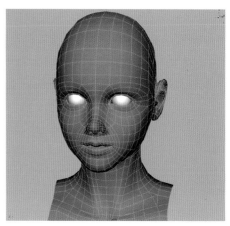

首先，先做出頭部的Form以及拉出概略的分割線構成臉部 1 。接著移動所有的Edge以及頂點，替模型加上凹凸部份，構成臉部大致的形狀 2 。在這個階段，尚未準備表情專用的分割線。接著，在眼睛周圍增加Edge，構成基本的放射線Edge，然後在嘴部到鼻翼上方這個區塊也加入分割線 3 。從這裡開始繼續製作鼻子與嘴巴周圍 4 （ 5 為基本的多邊形佈線之示意圖）。

完成的模型
製作時，在眼睛及嘴巴等張合的部位追加Edge，使佈線呈同心圓及放射狀，盡可能用四角多邊形來構成佈線。不要製作出超過五條Edge所聚集而成的頂點。這個模型使用許多五角多邊形構成。或許稱不上是一個良好的範本。

頸部
由於我們已經使用Blend Shape使頸背繃緊，因此只要沿著頸背佈線配置多邊形即可。

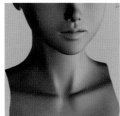

笑紋
在笑容及其他嘴部往左右方向移動時，假笑皺紋的Edge是相當重要的部份，必須事先加入。可以從鼻翼上端周圍開始做出笑紋。

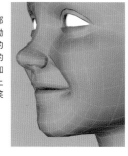

複製群組

開始著手Blend Shape Target（目標形狀物體）的製作。有關眼睛睫毛等其他臉部零件方面，因礙於頁數限制，故本文省略不提。為了做出表情，我們將變形的零件全部群組化，針對每一群組進行複製（編輯→複製）後製作變形Target。我們稍後會解說理由。

眼
如果在外眼角加入三角多邊形，就會使Edge變得集中。因此盡可能使用四角多邊形排列。為表現出雙眼皮，在上眼瞼增加多餘的弧線Edge。當閉上眼睛時，上眼瞼就會大幅伸展，因此必須進行多次分割。

口
緊閉嘴巴時，嘴角的部份Edge看起來非常集中；張開嘴巴後，就會如下圖一樣由四角多邊形呈同心圓狀排列。嘴角的部份也是能夠讓人感覺到臉頰豐腴的部位，因此即使嘴巴閉上後，這種嘴唇的形狀仍具有呈現出豐腴臉頰的效果。

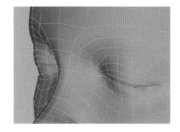

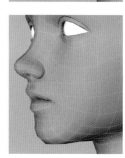

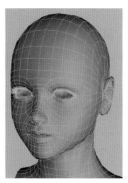

將當作素體的臉部模型、眼睫毛以及眉毛進行群組化。之後為了將每個零件做成Target，必須進行複製。

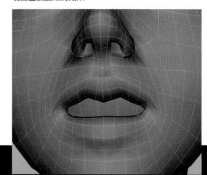

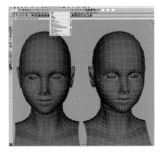

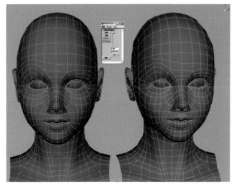

1.將原始狀態的模型複製一個後，使用Blend Shape做成變形模型（「製作Deformer→Blend Shape」）。如此就能夠將執行過Blend Shape的模型變形成與目標形狀物體（Target）相同的形狀了。

2.叫出「Window→Animation Editor→Blend Shape」，試著讓Slider動動看。

用Lap製作左右目標形狀物體（Target）

相信大多人會以左右對稱的方式來製作臉部，其實為了做出更自然的表情，以左右非對稱的方式做出的表情效果會更好。比方說當我們做出只有右眉上挑的模型時，就會忍不住想做出左眉上挑的模型。那麼如何使用右側的模型來做出左側的模型呢？Blend Shape是透過頂點資訊進行變形的，因此用於模型的左右顛倒上無法展現出效果。必須維持相同頂點的號碼。

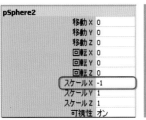

pSphere2	
移動 X	0
移動 Y	0
移動 Z	0
回転 X	0
回転 Y	0
回転 Z	0
スケール X	-1
スケール Y	1
スケール Z	1
可視性	オン

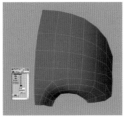

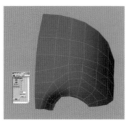

3.將執行過Blend Shape的模型的Scale項目輸入-1，使之左右相反。為了看的更清楚，我們將不會動的部份消掉。因為模型呈現左右相反狀態，因此是左眉上揚的狀態。雖然執行Blend Shape的模型只有一部分，但還是會確實地變形。

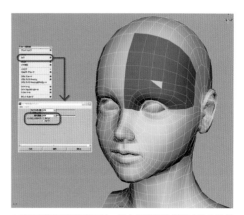

4.接著再從原始模型複製一個未經翻轉的模型（黃色的模型）。讓座標密密貼合，再將剛才的左右顛倒的Blend Shape模型重疊上來，將Blend Shape的數值設為0。然後再加上Lap。先選取黃色的模型，一邊按住shift鍵一邊選取Blend Shape模型。利用「製作Deformer→Lap」開啟Option Box，雖然模型的Scale及分割數都相當接近，但還是要將最大距離盡量縮小（這裡設為0.05）。由於Influence的類型只要看頂點即可，因此這裡選擇重點。

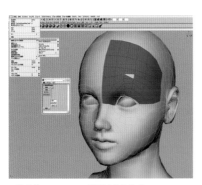

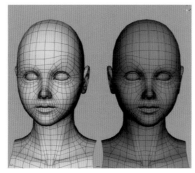

5.接著將Blend Shape模型（綠色）的Blend Shape數值設成1。Lap模型（黃色）則在變形成與Blend Shape模型相同形狀之後，就將變形後的原始模型的History丟棄（編輯→依種類進行刪除→History）。

6.這樣就完成了左右相反的目標形狀物體（Target）用模型。由於這個模型與原始模型的方向相同，亦配置同樣的頂點號碼，因此能夠當作左右相反地Blend Shape用模型。

整體進行Lap
這次所介紹的是部份變形的範例，不過只要將臉部整體進行Lap後，也能夠做出使下顎往左右搖動等大範圍的左右相反Target（目標形狀物體）。

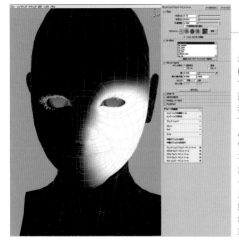

準備好執行過Blend Shape的物件，利用「編輯Deformer→Blend Shape Paint Weight Tool」打開Option Box。如果沒有事先加以變形的話，就無法看著形狀來進行作業，因此我們將目標Blend Shape的數值設成1。當Target為複數的情況下，為避免搞錯，必須從Attribute Editor來選擇目標Target。在Paint Weight的項目中，將數值設為0，使用Paint將不想變形的部份塗黑。如果接近目標形狀的話，就複製物件，重新設為Target。由於這項作業必須操作Blend Shape物件，因此我們使用從原始物件所複製出來的物件進行作業。將History切開後，就會變成Target用的Shape，如果想繼續進行編輯的話，只要複製新的物件即可。

由左而右是加上原本的表情、笑容、以及加上權重（Weight）之後的單邊笑容。雖然鼻子有些嚴重歪斜，不過就算形狀如此不同，看起來還是很協調。這個部份，只要在製作Target的階段再調整為自然的形狀即可。

Blend Shape Paint Weight Tool

如果想從已完成的左右對稱的目標形狀物體（Target）上擷取部份表情時，可以使用Blend Shape Paint Weight Tool。例如如果有一露出笑容的Target時，只要擷取單邊的表情再加上權重（Weight），就能做出嗤笑的表情。

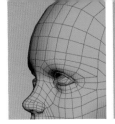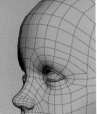

1.上圖為原始的形狀，下圖為額頭上抬的臉部。正上方由於抬頭的緣故，因此變形。

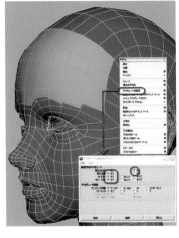

2.在這個變形的模型上蓋上變形前的模型後，使用Attribute的傳送就能讓輪廓恢復原狀。將原始模型（寶藍色）與變形後的模型（綠色）重疊。接著選取變形後的模型，按住shift鍵後選取原始模型，然後開啟「Mesh→Attribute的傳送」的Option Box。將「Attribute的傳送」中的「頂點位置」的項目設成On，其他全都設為Off。其後對World設定「Attribute設定」的「Sampling空間」。

Process ⑤
Attribute的傳送

使用Blend Shape進行頭部變形時，千萬不能出現穿透頭蓋骨的情況。當眉毛上揚時，額頭的皮膚也會跟著上揚，由於額頭的肉相當薄，因此看起來像像皮膚從頭蓋骨上滑動。像這樣製作Blend Shape用的Target其實相當費工夫，因此解說時大多會出錯。因此，我們試著使用Maya 8的功能——「Attribute的傳送」來製作Target。

5.貼上紋理後，形狀維持不變，只有眉毛及額頭會上下滑動。

3.傳送後，一邊保持頂點移動後的位置，一邊使頂點吸附在原始模型的Surface上。

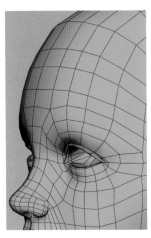

4.結果如右圖所示。請和原始模型作個比較。雖然輪廓沒有改變，不過Edge的位置卻移動了，你看得出來嗎？

Process ⑥
隨著眼部動作而動的眼瞼

眼部與眼瞼是一起活動的。將視點設定成Aim Constrain（目標約束）的角度，經Joint讀取後，再以相同的角度設置動作。

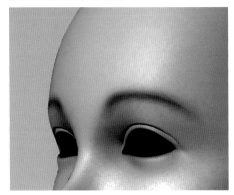

1.這是擁有與眼瞼有關的Target（眼瞼的張合等）的Blend Shape模型，也是執行過Rendering的Blend Shape模型之一。被白色Rendering模型追蹤的視點所Aim Constrain（目標約束）的橫躺D型曲線角度，黃綠色模型所裝置的Joint會加以讀取，以相同的角度來進行動作。有關如何使眼瞼隨著眼部動作而動的詳細設定，請參考2007年3月號的詳細解說。

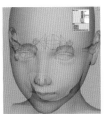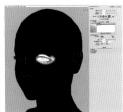

2.在Joint加入權重（Weight），只讓眼瞼活動。如果有能讓眼睫毛及眼瞼一起活動的零件時，也必須一併在Joint中執行Bind。

3.接收Target的變形資訊而使眼瞼開始活動的Rendering模型。眼睛前方的D字型環，反而能使位在眼瞼的Target上的Joint活動。

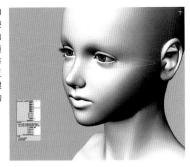

4.這條曲線以及Joint的聯動，是由Driven Key所執行的（Driven Key的說明請參見口的部份）。相對於視線的動作，若Joint的動作過於僵直，反而會顯得不自然，會帶有些許機械性的感覺。因此，將上下端轉為和緩的曲線，慢慢變成像踩煞車般的動作。

5.視呈現方式而定，有時候眼睛的方向以及眼瞼的聯動不一定希望其配合眼睛的動作。這個時候，我們選取D字型環，試著在X軸迴轉輸入鍵。結果會顯示成綠色，在下面新增BlendAim。這個Blend數值，只要一輸入就會將自動化Constrain（約束）的動作以及動畫一併混合。

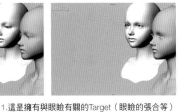

eyes_joint_angleController	
移動 X	0
移動 Y	0
移動 Z	0
回転 X	0
回転 Y	0
回転 Z	0
スケール X	1
スケール Y	1
スケール Z	1
可視性	オン
Blend Aim1	1
シェイプ	
eyes_joint_angleControllerShape	
eyes_joint_angleController_aimCon	
ノード状態	通常
オフセット X	0
オフセット Y	0
オフセット Z	0
Eye_Constrain W0	1
入力	
rig_eyes_layer	
pairBlend28	

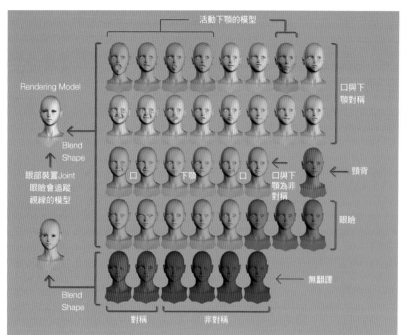

活動下顎的模型

口與下顎對稱

Rendering Model

Blend Shape

眼部裝置Joint
眼瞼會追蹤
視線的模型

口　下顎　口　口與下顎為非對稱　←頸背

Blend Shape

眼瞼

←無翻譯

對稱　　　非對稱

群組進行Blend Shape

　　由於臉部有複數個零件，因此必須先群組化後再執行Blend Shape。在一個群組內，名稱相同的物件也必須排列成相同順序。因此，原則上Blend Shape的Target是從群組化的親群組進行複製而製作的。不過，所有的Target可以不用備齊所有的物件。在群組當中，只要具備變形的必要物件即可執行Blend Shape，因此在群組的架構上，最好從變形或然率高的物件開始排列。鮮少變形的物件則排到後面。若該物件不需變形的話，即可從群組中刪除該物件。

1.一般都是將所有的模型一次執行Blend，這裡只有視線用的模型另外執行。使眼睛變形後，再用Joint進行迴轉方向的變形的結果比較好，因此在視線Target之前加入眼瞼的Bledn Shape。需要變形的Target若能在某種程度下依照不同的部位來區分，比較一目了然。此外，盡可能將Target區分開來，才能表現出更豐富多樣的表情。同一種表情，若能由3種左右的Blend Shape加以組合，其自由度也會大增。

嘴巴內部的設定

　　下顎的動作必須伴隨著嘴部動作而動。連同嘴巴內部的物件一併群組化，然後再執行Blend Shape雖然單純且好懂，但其實嘴巴內部構造出乎意料地複雜，因此當Target數量愈多，資料量也會跟著增加。因此，我們決定採用不同於Blend Shape的Joint來使其活動。同時，為了配合和Blend Shape的下顎動作相同的角度，使用Driven Key。由於Driven Key可不斷重疊，因此重複的動作會變成與Blend Shape相同的累加動作，因此很適合與Blend Shape搭配使用。

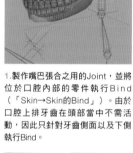

1.製作嘴巴張合之用的Joint，並將位於口腔內部的零件執行Bind（「Skin→Skin的Bind」）。由於口腔上排牙齒在頭部當中不需活動，因此只針對牙齒側面以及下側執行Bind。

2.選取追隨視線的眼瞼的Target以及其他的Target群組，然後執行Blend Shape。

3.開啟Blend Shape的Option Box，基本Tab的原點為Local。接著確認Target Shape Option的Topology是否已經勾選。此外，詳細設定Tab的變形順序則是在進入Chain之前設定。Blend Shape在進行Bind前執行是基本原則，但只要這步驟已經確認過了，即可在Bind（Skin Cluster）之前的History插入Blend Shape。

2.利用「Animate→Driven Key的設定→設定」開啟Driven的設定選單，設定Driver。其次在「Window→Animation Editor→Blend Shape」當中，點選目標之Blend Shape的選擇按鈕。然後點選Driven Key的設定視窗中「Driver的Load」，選擇目標的Joint。接著按下Driven的「Load Driven」，選擇個別要產生連結的項目。

3.根據Blend Shape的數值為0或1的狀態，配合Joint的角度輸入鍵盤。

4.將視線的Target與眼瞼的各個Target一起執行Blend Shape。

4.接下來，一邊選取使下顎活動之Blend Shape的名稱，並輸入鍵盤。選取具有橫向動作的Blend Shape名稱時，也會改變Joint的活動方向，必須在適當的項目輸入鍵盤。

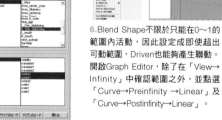

6.Blend Shape不限於只能在0～1的範圍內活動，因此設定成即使超出可動範圍，Driven也能夠產生聯動。開啟Graph Editor，除了在「View→Infinity」中確認範圍之外，並點選「Curve→Preinfinity→Linear」及「Curve→Postinfinity→Linear」。

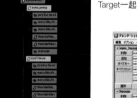

5.結果就構成如左圖所示的Blend Shape。上方名稱為"eye_hyoujo"就是眼瞼的Blend Shape群組，與沿著視線活動而設置Joint的"eyes_swing" Shape相連結，eyes_swing位在hyoujo Blend Shape的第一行。這是因為時時有必要讀取形狀，因此Slider要隨時位在1的位置。

5.試著讓各Blend Shape動動看，進行確認。在嘴巴緊閉的狀態下想讓下顎活動時，如果不設置Driven Key的話，之後就會發生奇怪的狀況，一定要特別注意。左圖是將嘴巴緊閉時使下顎左右活動的零件，以及嘴巴張開時的零件二者組合而成的模型。這兩者均設置Driven，因此能讓下顎與下排牙齒聯動。

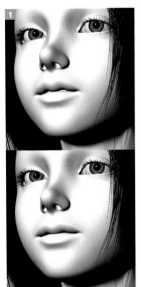

動畫控制

在這個模型當中，也包含由Joint所造成的變形，在Driven Key及Constrain的聯動下使得Joint無法用鍵盤輸入，因此動畫只需在Blend Shape用鍵盤輸入。下面將介紹輸入的一些小技巧。

Blend Shape的數值

1 乍看之下，Blend Shape的Slider可動範圍只在0～1之間，其實在數值上並無限制。這個模型的嘴唇稍微留有空隙。而我們並沒有準備嘴唇完全閉上的Target。在這情況下，只要在嘴巴張開的Blend Shape裡輸入負值即可。這是因為張開嘴巴的相反動作就是閉上嘴巴。**2** 我們使嘴角稍微往左右方向移動，這樣更能呈現出嘴唇緊閉的感覺。如果想要讓準備好的Target做出誇張的表情時，可以試著輸入1以上的數字，數字只要不超出會破壞模型形狀的範圍即可。

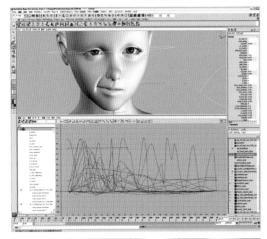

Blend Shape所產生的曲線動作

動物的動作軌跡幾乎呈現曲線狀。由於Blend Shape的動作軌跡呈現直線狀，因此會產生不自然的感覺。因為Blend Shape能夠隨心所欲地使形狀變形，故當頂點呈不同位置的目標移動時，具有整體看不出頂點呈直線移動的優點，不過這點卻無法完全彌補Blend Shape會直線移動的缺點。因此在製作動畫時，只要組合幾個Blend Shape，使其活動即可。這麼一來，就能夠呈現XYZ Blend的曲線動作。在製作單一表情時，可將複數的Target時間稍微錯開再用鍵盤輸入，即可做出柔軟的動作。至於Animation Curve方面，亦可在Graph Editor調整曲線，做出有彈性的動作。

UV的動畫

除了形狀以外，有時也想製作只有紋理表面滑動的動畫。這時就可以使用polyMoveUV。這和使用Cluster使Vertex Point活動的操作方法相似。也可說是UV版的Cluster。

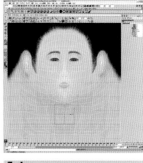

1. 在UV Editor當中選擇想製作動畫的UV，並點選「編輯Mesh→Component的Transform」。這樣就會在UV Editor上面顯示一個叫做polyMoveUV的Node操縱器。

2. 最後只要用鍵盤輸入即可，但因為必須在整個群組執行移動回轉Scale，因此在進行微妙的操作時，必須多方仰賴polyMoveUV。

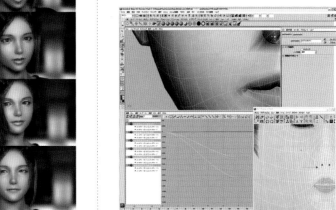

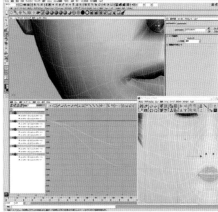

另一種方法

還有另一種直接在UV Point上直接輸入動畫鍵的方法。雖然條件稍微多了點，先選擇編輯完成的UV Point，然後按住S鍵就會出現UV的Tweak模式。這樣就能夠用鍵盤輸入。有興趣的讀者可以自行嘗試。

在幾年前，臉部動畫的構成還是以Blend Shape為主流。然而到現在，則是以基本骨架（Bones）與Blend Shape混用或是單純使用基本骨架為主流。相信本誌的大部分讀者可以從文章中窺知臉部動畫構成的趨勢。

不過基本上，光靠基本骨架所製作的作品必須先拍攝身上貼有感應器的演員，並追蹤演員的動作使基本骨架活動，因此很難應用在規模小的作品上。此外，骨架如果太少也很難構成表情；如果骨架太多，又不容易手動控制，這是使用基本骨架製作的缺點。

有鑑於此，本範例採用的是基本骨架與Blend Shape混用的結構，不僅適用在個人或製片公司，亦可呈現豐富的表情，同時容易操控。設定的重點在於，使用基本骨架進行以各部位為單位的移動，以及使用Shape適當地分配凹凸等皺紋。從下一頁開始，本文將具體介紹建模製作、基本骨架以及Shape的製作、以及操控的方法。

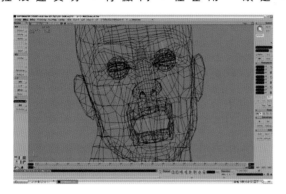 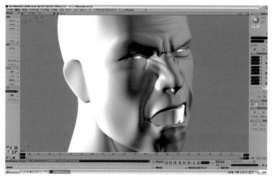

基本骨架與Blend Shape的
混合設定

本文將介紹可加上細微表情、且活用基本骨架（Bone）與Blend Shape二者優點的
設定的建構方式以及操作方法。
雖然是有些複雜的構造，我們在每個重點都會加以整理說明。

須藤　京一
本行是影片製作，最近幾乎都在從事遊戲
方面的工作。
個人網站正在籌備中

使用軟體
SOFTIMAGE | XSI

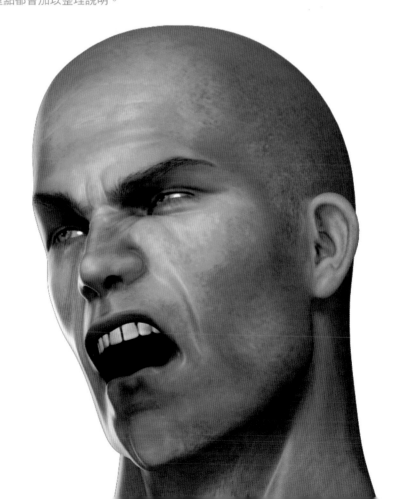

模型製作與多邊形構成

　　在臉部動畫的前提下，沿著皮膚佈線所構成的多邊形網格（Polygon Mesh）就顯得相當重要。這是因為在製作表情時，如果缺乏沿著佈線的Edge，就會使形狀控制變得相當棘手。當然皮膚的佈線也很重要，而以眉毛周圍以及顴骨部份等為數量（Volume）單位的Mesh構成也必須多加注意。

製作素體模型
首先，一邊意識到皮膚的佈線以及顴骨的部份等等必須使用Volume進行處理的部位，一邊完成模型。

1. 在進行分割多邊形之前，先將多邊形進行分割。首先，先觀察素體上的多邊形區分狀態，針對如何增加Edge進行縝密的檢討。

藉由分割來表現皺紋

　　完成素體模型後，為表現出皺紋，必須增加Edge。首先為了做出凹凸表現，必須新增凸出用Edge以及凹陷用Edge。實際上一邊操作形狀並一邊確認狀態的話，就不會妨礙後續製作Shape形狀。

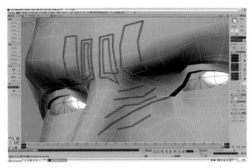

2. 為做出眉間與鼻子上的皺紋，先增加突出部份的Edge（紅線），接著順著新增Edge的範圍增加凹陷用的Edge（藍線），注意別超出範圍。

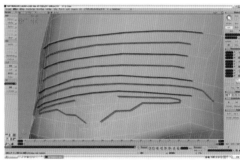

3. 與眉間相同，新增Edge來做出額頭的皺紋。此外當眉毛的骨架往上抬時，在眉毛的上方也會出現皺紋，因此要新增凹陷用的Edge。

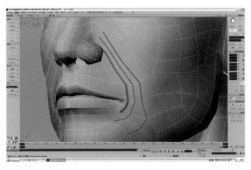

4. 增加嘴邊的Edge。順著臉頰到嘴邊皮膚的佈線，新增一條凹陷用的Edge。因為這裡是展現較深皺紋的重要部位。

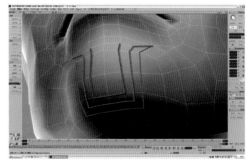

5. 新增Edge來做出臉部用力時下顎所出現的U字型皺紋。在做出皺紋時，如能做出倒「Ω」型皺紋是再好不過的。

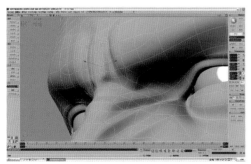

6. 先實際移動頂點、做出皺紋後，再檢查新增的Edge是否恰當。

7. 如圖所示，此為最終完成的Polygon Mesh（多邊形網格）。

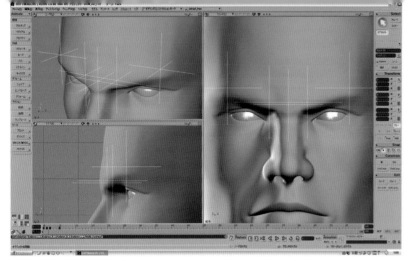

臉部用骨架的架構

　　從頭部開始，骨架（Bone）的架構可概略分為眉毛與眉間、眼球與上下眼瞼、眼睛正下方的臉頰、下顎、上唇、下唇這些部份，只有下唇是將下顎的骨架經階層化後所配置的。一般而言，使用骨架製作臉部時，雖會根據想呈現的品質而有所不同，但大多得使用大量的骨架。

　　不過在本文的範例中，只有在粗略加上表情時才使用骨架群，因此將骨架數量減至21根。基本上，這些骨架只有在單調的移動及Rotation等控制各部位時才使用。至於皮膚的皺紋與鬆弛、意識到骨骼的皮膚凹陷及分佈廣泛的鼓起等隆起部份，就交由Shape來處理。

眉毛與眉間
為控制眉毛的上下動作，在左右兩邊的眉毛各配置2根骨架，共計4根。接著，為了只讓眉間上下活動，也在眉間配置1根骨架。

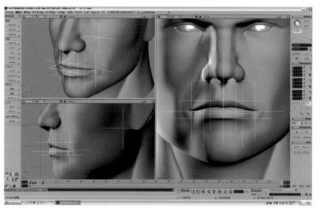

眼球與上下眼瞼
為控制眼球轉動，在左右各配置一根骨架，並在左右兩邊的上下眼瞼也各配置1根骨架。上眼瞼的骨架配置在與眼球相同的位置，並使用Rotation來控制眼瞼張合；下眼瞼則使用Translation來操控。此外，亦在左右臉頰各配置1根骨架，使臉頰活動。

上唇、下顎與下唇
為控制使上唇往上翻，除了在左右兩邊各配置1根骨架外，為控制嘴巴張合，也在下顎配置1根骨架，在其階層正下方則配置左、中、右3根骨架，來控制下唇動作。

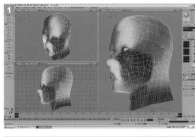
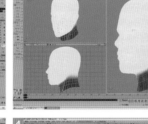

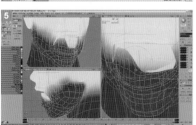
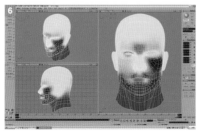

Envelope設定時的權重設定

　　為了能夠重疊或鄰接配置臉部骨架，在設定Envelope時，權重分佈就會變的很難調整。因此，暫時先將頭部的所有骨架進行分配，然後採取在各部位的權重套用Local的作業方式來進行調整。

　　雖然骨架已經分配完成，但由於骨架太密集，因此很難調整權重**1**。這時，先選取除了頸部以外的所有頭部頂點，在「Envelope→Local再套用」中選取頭部骨架。這樣就能夠將所有頭部骨架全都分配權重**2**。在調整下顎等的權重時，必須選取下顎部位的所有頂點。在這情況下，在選取多邊形時，只要在「選擇鄰接→頂點（Point）」項目中切換成頂點即可**3**。在選取的頂點上，點選「Envelope→Local再套用」來選取下顎骨架後再次套用**4**。接下來，就要進行權重的調整。先讓骨架實際活動來確認情況，並使用Weight Paint進行作業**5**。將所有骨架都再次套用Local後，再用Weight Paint進行最後調整**6**。

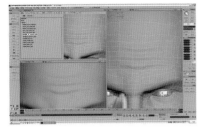

1.額頭上的皺紋
分別在額頭的左右兩邊做出眉毛上揚時等在額頭所產生的皺紋。皺紋並不是凹陷進去，而是皮膚的鬆弛部份鼓起所造成的。

2.眉間的皺紋
眉間的皺紋，是由於左右眉毛向中央靠近所產生的。同樣地，我們也在模型上使雙眉靠近做出皺紋。

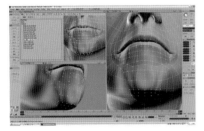

3.鼻子上的皺紋
分別在鼻子的左右邊做出因鼻子用力而產生的皺紋。運用事先規劃分割的佈線，從鼻樑到眼周做出凹凸。

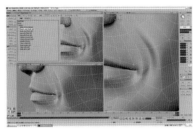

4.臉頰的皺紋
在嘴巴周圍的左右邊分別做出皺紋。在嘴巴周圍及臉頰兩處做出皺紋，由於臉頰的皺紋是由於嘴巴周圍活動所產生的，因此在嘴巴周圍的外側斜上部份也要配置皺紋。

5.下顎緊繃
做出牙齒用力咬合時下顎所產生的緊繃。只要能做出倒Ω型，就能夠做出自然的緊繃感了。

6.臉頰鼓起
使臉頰鼓起時，若不能掌握使口腔內充滿空氣這一點，就無法做出自然鼓起的樣子。充滿空氣的部位有臉頰、牙齒與牙齦交界的嘴巴周圍。

7.臉頰凹陷
使臉頰凹陷之時有一點要特別注意，除了顴骨以外，連牙齒與牙齦周邊也要特別注意。製作時如果忽略這個部份的話，就會成為臉部表情不自然的肇因。

製作Shape Pattern

　　下面將在Shape來處理骨架很難呈現的皺紋、凹陷及鼓起等皮膚表現。我們使用Shape Managre來進行作業。使用Shape Manager來製作Pattern、登錄管理都相當簡單，即使是構造複雜的模型也能夠輕易地進行處理。此外，即使在事先進行建模時投注相當的心力，在製作Shape時，Edge的佈線還是可能出現疏漏；不過在XSI當中，即使進行Shape作業時也能夠支援直接修正模型，所以可以隨時對應。

　　在完成大概的Shape Pattern之後，必須確認設定好的Shape Pattern。由於Shape Pattern會左右成品，因此不斷地經過嘗試、失敗，不惜花費功夫來進行作業，這才是最重要的。

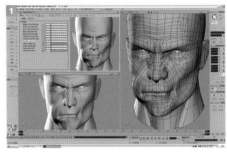

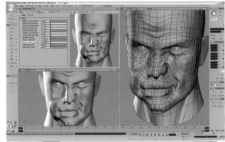

檢查Shape Pattern
將Shape Manager的Tab轉換成Animate，使Slider活動來確認權重值輸入的狀態。特別是複數進行混合時，記得要注意各類型間的干涉 1 。確認過一遍後，將權重值輸入1以上的數字或是-1這種負數值，觀察其影響如何。根據使用方法的不同也會得到相當有趣的結果，一定要檢查看看 2 。

設定Custom參數

　　接著在頭部模型設定Custom參數，從Shape Manager執行Parameter Copy。方法很簡單，只要從Shape Manager將登錄完畢的Shape Pattern進行拖放（Drag-and-drop）即可。這樣就不需透過Shape Manager，只要在簡單的視窗即可進行操作。

1.選取頭部模型，在「Parameter→新增Custom Parameter Set」中設定Custom Parameter Set。由於還沒進行設定，因此一打開完全空白。

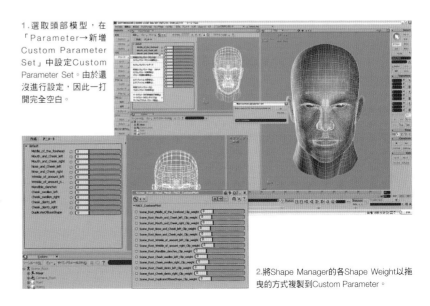

2.將Shape Manager的各Shape Weight以拖曳的方式複製到Custom Parameter。

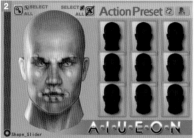

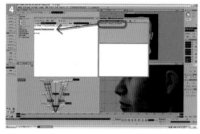

Control Window

為了使臉部的操控變得更容易，我們就來設定專用的Control Window。這個視窗使用的是Synoptic View，藉此來做出生動且多功能的成品。其豐富的主要功能有：骨架的選擇以及叫出Custom Parameter Window、製作Preset用Log的Plot、叫出設定完成的Preset、動畫鍵的登錄與刪除等。此外，各功能在Script Log的記錄、編入完成後的Script上也能發揮功能。

要叫出設定完成的Synoptic Window，就必須針對該視窗屬於那一部份進行分配。設定方法很簡單，只需指定路徑即可。設定完成後，選取物件並按下F3鍵，就能立刻顯示視窗。

製作Control Window

在頭部加上Region Rending，叫出「表示→一般→Synoptic Editor」，然後按下「領域」的按鈕。這樣Rending圖像就會顯示在Editor上了①。接著使用Photoshop等軟體，以位於Data Base當中的Synoptic資料夾內的region圖像為基準，加入按鈕等做出專用的選單畫面②。使用範圍描繪工具，來指定各區域（在Editor畫面中的紅色○）。指定完成後，在連結位置的項目輸入Procedure名稱③。在指定的領域按下「Script」按鈕後，就會在" sub…" 及" end sub"之間出現Script Editor記錄，或是登錄已完成的Script。登錄完成後，在「File→存檔」中存檔④。

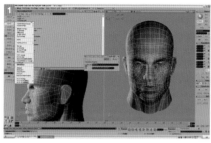

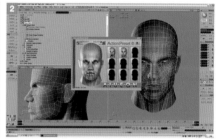

叫出Control Window的配置圖

選擇頭部模型，在「Property→Synoptic」下進行Synoptic的分配。先保存的檔案，指定傳給Synoptic Property Window①。在選擇頭部的狀態下，按下F鍵中的F3，所製作出的Synoptic便會顯視視窗②

表情Pattern的Plot

在臉部當中，表情Pattern的登錄及叫出變得相當重要，因此設定值的Plot也變得很重要。因此，我們使用Script等來進行並取得必須的設定數值。

在這個Script當中，我們採取先取得臉部用骨架的名稱以及SRT資訊，接著選擇各骨架，然後重新設定取得值的作業程序。我們同樣在Shape進行取得設定值、再重新設定的作業。只要執行這個Script，該進行設定的骨架以及Shape的所有資訊都會留下記錄。然後只要在Synoptic View登錄執行Plot的Script，就能夠輕鬆取得表情的資訊。

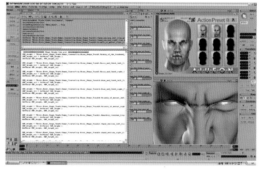

2.Shape Weight的數值與骨架相同，將組成對所有Shape進行取得與設定的Script。

3.將完成後的Script登錄在Synoptic View上。最後，為了能夠清楚區分Log的記錄的起始部份，在Script上新增Info顯示的Header。

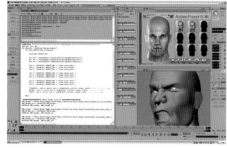

1.選取全部的骨架後，在Selection List以取得的選單為基準，組成「將骨架的選擇及SRT的取得與設定，依骨架的選擇次數反覆進行」的Script。

4.只要在已登錄Log Plot的區域點擊一下，就能夠保留可以在Script Editor的Log執行的記錄。接下來只要將取得的表情資訊登錄成為Synoptic View的表情Pattern即可。

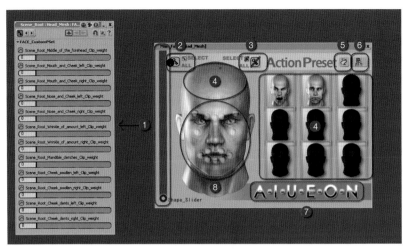

Facial Tool的解說

本範例中的Facial Tool，乃是使用XSI的基本功能來製作的，一點也不困難。不過製作時得花費一些時間，因此在作業時最好記得將圖像模板化以及製作Script，以供後續的作業使用。

❶點選Bar的部份後，就會開啟與Shape的Slide有關的Custom Parameter Window
❷Bone＆Shape鍵的存檔圖示。大圖示是將所有的Shape Bone一併存檔，小圖示只有針對選取的骨架存檔
❸Bone＆Shape鍵的刪除圖示。與存檔鍵一樣，以圖示大小來區分一併存檔以及所選骨架存檔
❹使用Script Editor的Log所製作、叫出表情Pattern的圖示。在左圖的頭頂部份定義恢復初期設定（Default）動作
❺叫出Script Editor的按鈕
❻表情設定的Log Plot按鈕。在Script Editor的Log中，能夠將骨架的SRT及Shape Weight值以可執行的列表狀態列出來
❼叫出發聲Pattern表情的字母圖示。定義為"A、I、U、E、O、N"6種
❽臉部用骨架的選單。只要在各骨架上點擊之後，骨架就會變成所選圖示的狀態

動畫的設定

設定完成後，接下來加上動畫就變得簡單多了。先在骨架的選單中點選骨架，然後使用SRT加以調整，接著使用Custom Tool來控制Shape，再按下存檔鍵即可。

設定動畫的訣竅如下，除了移動骨架之外，還得併用旋轉及Scale來調整表情，以及在Shape輸入1.5或2以呈現出誇張的感覺。此外在Shape方面，亦可輸入如-1等負數值。而在製作過程中，完成可多方使用的表情，或是極富特徵且有趣的物件時，可利用Log Plot列出Log並登錄在Synoptic上，這對之後的作業會相當有幫助。

1.點擊骨架選單中的各部位來選擇骨架，然後使用SRT加上粗略的表情，接著在Custom Tool Bar的Shape Slider進行完工。

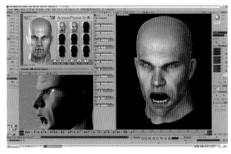

完成
在模型的Material上設定高速Subsurface Scattering後再進行Rendering，即完成模型。

2.調整完畢後，點選已登錄的一次存檔鍵，並記錄骨架及Shape的數值。

圖中標示：已登錄的一次存檔鍵

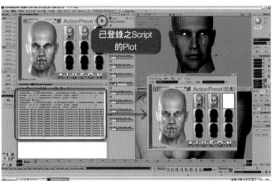

3.完成滿意的表情後，執行Log Plot並登錄到Synoptic。在臉部叫出已登錄的Pattern，細微調整就成了決定作業效率化的關鍵。

圖中標示：已登錄之Script的Plot

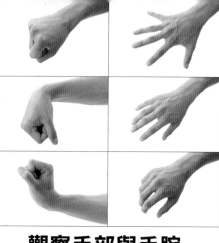

觀察手部與手腕

手部的動作可分為手腕的扭轉動作以及手指的動作。首先，請先注意手指關節是如何活動。特別是大拇指，由於大拇指是從靠近手腕附近的部位開始活動。此外，即使在做簡單的石頭或布的動作時，根據使用力道大小也會使手腕彎曲產生微妙的變化。

觀察腿部動作

膝蓋、腳踝的位置及動作均相當清楚易懂。然而腿部的根部部份卻有不太容易判斷。因此，腿部根部的究竟位於何處、又是如何進行彎曲等，一定要仔細觀察。此外，腿部在做動作時，腿部根部、膝蓋、腳踝、腳尖彎曲程度及方向等，都會產生極大的變化。必須要仔細確認這些動作的變化。

觀察表情

眾所皆知，一般發聲時與大聲發聲時，表情也會隨著聲音音量而產生變化。另外要注意的是，根據發聲方式以及感情的不同，不光是臉部，就連身體也會產生動作。圖1為維持姿勢放聲大笑的照片，顯得相當不自然。如圖2、圖3所示，其實在放聲大笑之際，上半身會做出向後仰的動作。

觀察各種動作

我們毋需知道人體究竟有幾根骨頭等諸如此類的細節。不過，必須要完全掌握身體彎曲以及運動的部位。

依照各部位分類 人體觀察重點

製作真人比例人物角色動畫時，觀察真人活動是最好的方法。讓我們一起深入觀察由骨骼及肌肉構成的人體構造，使作品的完成度更上一層樓！

左圖，大聲做 a,i,u,e,o 發音練習

右圖，一般 a,i,u,e,o 的發音練習

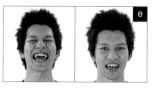

準備讓
人物角色
動起來

本章是針對在加上動畫前的各項準備工作進行說明。
首先在基本篇當中，將介紹人體各部位的Skeleton建構方法；
而在應用篇當中，從控制Skeleton的Rig之組合方法、
到人物角色動畫的附屬產物──
服裝及頭髮的設定方式都都有詳細的介紹。

講師

林田宏之

Maya 8.5

reference

根據角色的形狀及狀況
為了更深入瞭解能進行各式各樣嘗試的設定
本文將使用Low Poly模型
從基本中的基本來進行探討

為什麼要進行設定？設定又是什麼？

所謂設定，是指為了在建模完成的物件上加上動畫所做的事前準備。

最基本的設定，即使用Outliner以及Hypergraph建構階層構造，將物件之間設定為親子關係。然而，以人類及動物這種所有的面都是無縫接合的模型來說，是無法在每個可動部位先切除面，再建立親子關係的。

正因如此，我們透過在模型內部裝置一種相當於動物骨骼、叫做Skeleton的裝置，並在物件的各部份建立關聯，就能夠製作動畫。

下面將為各位介紹設定的基礎概論——使用Low Poly模型講解Skeleton的基本操作以及幾種相關的設定功能。

1.建立Skeleton

即建構完成的人物角色模型及配合模型建立Skeleton構造。基本上是仿效實際人類的骨骼來建立，通常會大幅省略像脊椎骨等的數量。

Skeleton是由圓形的「Joint（關節）」與楔形的「Bone（骨架）」所構成的，較粗的骨架為上層（親），較細的骨架為下層（子）。

以人型及動物型的角色為例，是從腰部位置開始建立Skeleton。如下面正中央圖中的箭號所示，以腰部為中心，往全身上下左右的尖端方向建立Skeleton。腿部與手臂的Skeleton必須與脊椎分開個別製作，然後再點選「Skeleton→Connect Joint」進行連結。這時候，只要選取的順序出錯，就會使腰部的Joint變成腿部的子Joint，因此要特別注意。此外，視畫面的比例而定，可能會發生Skeleton一下變得特粗，一下子又變細的情形，這時可以從「Preference Window的「Display→Kinematics→Joint size」中調整數值。

建立Skeleton之時，會自動建立親子關係。這是在Hypergraph所顯示的Skeleton構造

腿部與手臂的Skeleton與脊椎分開製作，再點選「Skeleton→Connect Joint」進行連結

以腰部為中心，往全身上下左右的尖端方向建立Skeleton

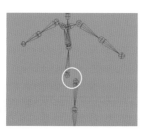

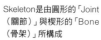

配合建構好的角色模型所建立的Skeleton構造

Skeleton是由圓形的「Joint（關節）」與楔形的「Bone（骨架）」構成

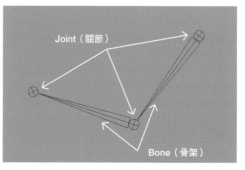

Joint（關節）

Bone（骨架）

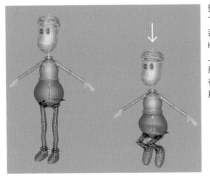

要讓人物做出屈膝蹲下的動作時，只要點選「Skeleton→IK Handle Tool」在雙腳上設定IK Handle，這麼一來當腰部的Joint往下，就會自動彎下膝蓋

使手往特定方向活動時，則使用IK

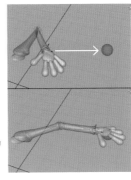

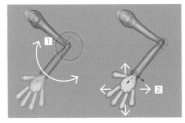

1直接讓Joint運轉的正向運動學（FK，Foreword Kinematics）2搭配IK Handle使骨架動起來的逆運動學（IK，Inverse Kinematics）

原則上，路徑（最上層的Joint）以外的Joint只透過運轉來加上動作。如果完成蒙皮後的Joint，不是採旋轉，而是以移動的方式來讓它行動的話，形狀就會像這樣出現破綻。

2.讓Skeleton動起來

讓Skeleton動起來的方法有幾種：1直接讓Joint運轉的正向運動學（FK，Foreword Kinematics），以及2搭配IK Handle使骨架動起來的逆運動學（IK，Inverse Kinematics）等。

使手臂甩動等藉由Joint的單純旋轉所產生的動作，適用FK；而在伸手去拿遠處物品等使手往特定方向活動的情況下，最好使用IK。這是因為使用FK時，必須讓肩膀與手肘的Joint同時活動；而當使用IK時，只要使用IK Handle進行拖曳即可。同樣地，使人形模型做出屈膝、蹲下動作等時，使用IK會比較方便。

3.蒙皮（Skinning）

所謂蒙皮（Skinning），即使模型與Skeleton結合，跟著Joint的動作來設定模型上的各頂點，基本上，各頂點會隨著離自己最近的Joint動作而動。

蒙皮可分為二種，一種是單一頂點會受到複數Joint的影響，因而能夠平滑變形的1Smooth Bind，以及單一頂點只會跟隨離自己最近的Joint；當該Joint做動作時，其交界就會出現明顯的彎曲的2Rigid Bind。至於Low Poly模型，只需使用Rigid Bind就足夠了。

Memo

其他設定功能

當遇到光靠設定也無法使Skeleton順利變形的情況下，以及為了讓動畫作業更有效率，視情況所需，可以使用Lattice及Cluster等變形功能作為輔助，或是使用Constrain及Expression替複數動作加上關聯性的方法。

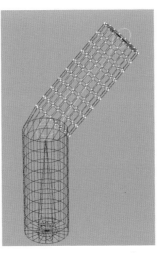

使用Smooth Bind的物件則可點選「Skin→Edit Smooth Skin→Paint Skin Weights Tool」，使用Paint來設定各Joint對各頂點的影響程度。此外，亦可使用Component Editor直接指定數值決定影響程度

使用Rigid Bind的物件可點選「Edit Deformers→Edit Membership Tool」，藉由手動設定使某頂點追隨特定的Joint

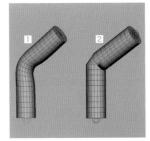

1Smooth Bind與2Rigid Bind

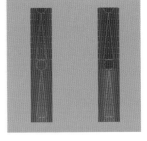

Smooth Bind（左）與Rigid Bind（右）之各頂點對Joint的跟隨度

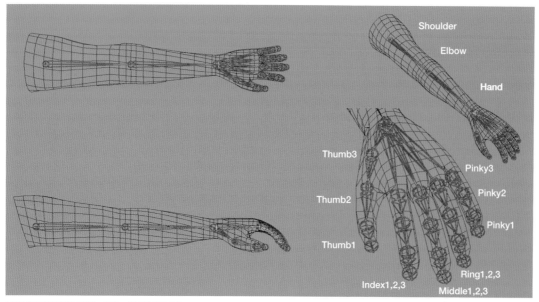

Shoulder
Elbow
Hand
Thumb3
Thumb2
Thumb1
Pinky3
Pinky2
Pinky1
Ring1,2,3
Index1,2,3
Middle1,2,3

在關節部份順利置入骨架，記得一定要替骨架命名

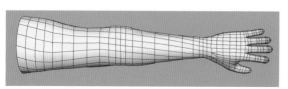

分割方法的範例之一。特別是露出肌膚、展現肌肉時，必須要意識到肩膀到手肘、手肘到手腕的肌肉佈線以及凹凸來進行分割

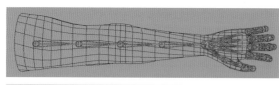
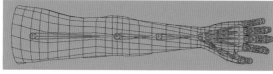
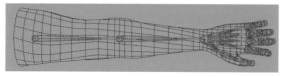

根據品質的不同，也有不同的置入骨架的方式。下面將介紹最常見、也是最具代表性的方法。從圖片上方開始，依序是使用Motion Capture檔案時常用的「四骨構造」（圖片上方）、加入複雜的動作時所使用的「三骨構造」（圖片中央）、最後是最單純，連初學者也能夠看得懂的「二骨構造」（圖片下方）。這次我們將使用常用於電玩遊戲等當中的二骨構造來進行解說。

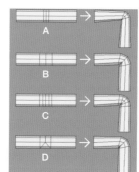

A：關節的分割部份太窄，容易使彎曲處扁掉
B：關節的分割部份太寬，容易壓迫內側
C：增加關節的分割部份雖然能夠彎很漂亮，卻會使檔案變大
D：採用不規則的分割方法，反而能夠彎得很漂亮

read me

掌握基本就不難

對ＣＧ學習者來說，製作人物角色是最初的目標，也是最大的難關。為達成這個目標，首先必須確實完成建模。製作時，必須經常考慮到設計上是否合理、能否以讓模型動起來為前提等。而使模型動起來的重要作業，就是角色的設定。大多數初學者會因為無法順利進行設定，因而在這個階段遭遇挫折。不過，只要按照每個步驟進行設定，誰都能夠順利完成，讓我們從基礎開始一步步地學習吧！

在角色設定當中，首先最重要的就是沿著模型裝設骨架。基本上，盡可能將模型的關節（可動）部份配置得與骨骼關節部份重疊。只要這個位置稍有差錯，在進行完成Bind後，即使再怎麼調整權重（Weight）也沒有辦法按照需求進行變形。與其在後續作業重新調整，倒不如一開始就確實裝好骨架為佳。

此外在進入設定作業之前，最好重新檢視一遍模型的形狀。特別是關節部份等，若能時常注意進行有效率的多邊形分割，就能夠減少活動時的彆扭感。

在這回內容當中，我們將著眼角色設定中可動範圍最廣的手臂部份進行解說，前面所提到的骨架配置及多邊形分割在此也顯得格外重要。只要學會手臂的基本設定，不僅可以運用在人類以外的模型中，同時也能使模型活動更靈敏。

講師
中山 武志

Maya 8.5

Q₁ 我在手臂內裝入骨架並設定好IK後，為什麼手肘卻無法彎曲？

A₁ 必須要設定骨架的優先角度

01 設定骨架時，雖然筆直地設置骨架沒有錯，但光是這樣關節是不會彎曲的。當筆直地置入骨架時，Maya會搞不清楚究竟該往哪個方向彎曲，因此必須點選「Skeleton→Set Preferred Angle」告訴Maya往哪個方向彎曲。首先，先往肘骨彎曲的方向轉動。接著點選「Set Preferred Angle」，使轉動的骨架恢復原狀。這樣就完成設定。然後再設定IK讓骨架動動看，以確認骨架是否能夠彎曲。在進入IK作業之前，一定要先做好這一項設定。

02 設定好IK讓手臂活動之後，在某個位置上發生了手臂的骨架翻轉過來的現象（倒轉現象）。為避免發生這種現象，最好能製作控制手肘的Handle。首先點選「Creat→Locator」，在手肘後方配置Locator。雖說是在手肘的正後方，但最好配置在手肘到手腕中間為佳。配置完成後，一定要執行「Modify→Freeze Transformations」，使Channel Box數值恢復到初期設定（Default）。接著再依序點選Locator及IK，並執行「Constrain→Poly Vector」。這麼一來就能夠減少手肘翻轉的現象，也可以只控制手肘了。

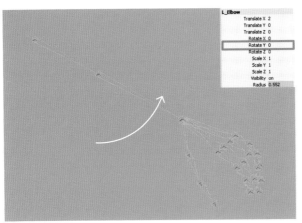

使肘關節部份的骨架稍微彎曲。角度方面，只要輸入一些數值即可

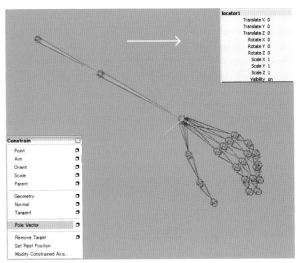

建立Locator之後配置在手臂的後方。接著依序點選Locator及IK，並執行「Constrain→Poly Vector」

在選取骨架的狀態之下，點選「Skeleton→Set Preferred Angle」

使設定好角度的骨架恢復原來的角度。然後只要再設定IK就能夠彎曲

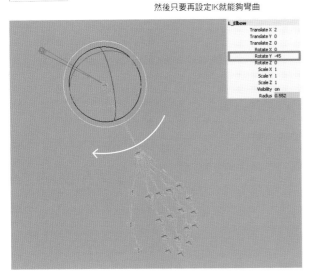

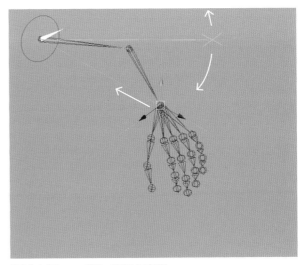

使設定完成的Locator轉動，就能夠控制手肘

A₂ 那就來製作負責只控制手腕動作的控制Handle吧

01 即使在手臂上設定了IK，但怎麼轉動手腕還是不會動。雖然可直接在手腕的骨架輸入數值即可轉動，但這個方法不切實際，因此這裡將使用Locator及Constrain來製作簡單的控制Handle。首先在「Create→Locator」項目中，在離指尖略有一段距離的地方配置Locator。配置完後，一定要執行「Modify→Freeze Transformations」並將數值歸「0」。接著選取Locator以及手腕的骨架，執行「Constrain→Orient」之後，手腕的骨架就會跟隨Locator的方向。然後轉動Locator，使手腕活動來進行確認。此外，從模型的手肘到手腕這部份的Mesh如能配置成扭曲狀態的話，在手腕轉動時就會相當方便。

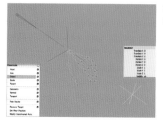

將Locator配置在指尖前方。並選取Locator以及手腕的骨架，然後執行「Constrain→Orient」

將Locator執行Rotate後，手腕就會跟著轉動

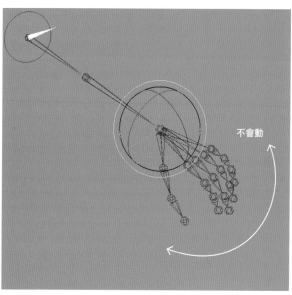

不會動

即使將設定好的IK執行Rotate，手腕也不會轉動

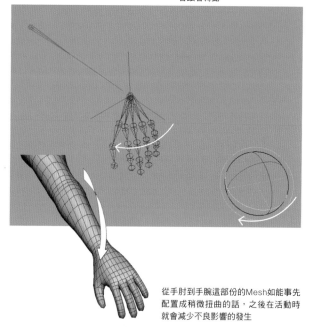

從手肘到手腕這部份的Mesh如能事先配置成稍微扭曲的話，之後在活動時就會減少不良影響的發生

Memo

如何避免肩膀歪曲？

想要使手臂舉到肩膀上方，卻怎樣都會產生肩膀扭曲的現象。這點特別對於初學者來說，是個相當棘手的問題，當然只要若是使用特殊骨架構造就可以避免這個問題，不過在這次的骨架構造上卻是不可避免的。

那麼我們究竟該怎麼辦呢？我們採用下列的方法，只要在肩膀部份使用Blend Shape，藉由使出現破綻的部位強制變形的手段，就能夠消除扭曲現象。

首先複製模型，接著將肩膀發生扭曲部份的頂點往消除扭曲的方向移動，做成Target Shape。然後依序選取這個Target Shape及當作素體的原始模型，執行「Deform→Create Blend Shape」後，就能在肩膀部份設定Blend Shape。接著在「Window→Animation Editors→Blend Shape」開啟Blend Shape Editor，使Slider活動後，就能夠確認肩膀部份的變形。

如果無法順利變形的情況下，只要重複頂點的些微調整→確認變形的步驟，慢慢調整到扭曲消失的狀態即可。這雖然不是個聰明的方法，不過卻能消除肩膀上的扭曲現象。

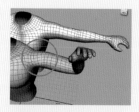

使手臂做各種動作，但怎樣都會產生扭曲現象

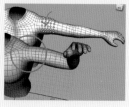

使用Blend Shape使位在肩膀的Target上的頂點移動，一直進行調整直到原創模型肩膀上的扭曲現象消除為止

Q₃ 我已經在手指裝設IK了，還是無法順利控制。這是為什麼呢？

A₃ 負責控制手指的不是IK，而是Set Driven Key

01 想使骨架活動時，一般都會裝設IK，不過在手指裝設IK使之活動時，卻無法順利調節，或是只能讓手指輕彈。由於設定有點麻煩，因此我們嘗試使用Driven Key進行控制。

我們沿用在Q2所完成的Locator進行設定。首先從「Animate→Set Driven Keys→Set…」開啟「Set Driven Keys」視窗。接著選取Q2的Locator，按下視窗上的「Load Driver」按鈕來設定Driver。然後選取所有當作Driven Key的Target的手指骨架（從大拇指到小拇指），按下「Load Driven」按鈕後就完成事先準備工作。接下來做出手指打開與緊握的狀態，按下「Key」按鈕後分別將手指形狀登錄到Driven Key上。之後試著讓Locator動動看，即可確認手指打開與緊握的狀態。

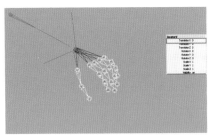

選取Locator以及5根手指骨架的所有第1～3關節，登錄到Driven Window上

選取Locator的TransiateX及所有手指骨架的RotateX、Y、Z後，按下「Key」按鈕來設定手掌剛開始的形狀

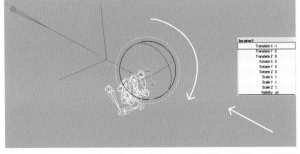

在Locator的TransiateX上輸入「-1」，然後分別使所有手指骨架的Rotate轉動後做出「石頭」的形狀。可以的話，再按一次「Key」按鈕新增「石頭」的形狀

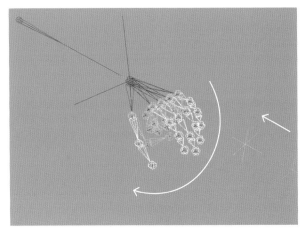

進行順利的話，使Locator往手部方向活動的話，手指的骨架就會各自轉動做出「石頭」的形狀。只要應用這個方法，就能夠讓手指做出各種動作

02 最後要介紹的是如何活用前面所介紹的設定，做出簡單的角色控制器（Rig）。一邊注意Q1、Q2、Q3的項目，一邊進行手臂的設定，在IK Handle的位置（手腕）上增加Locator，然後執行「Modify→Freeze Transformations」。之後，在Hypergraph上將剛才完成的IK以及2個Locator（手肘與手腕）設為剛才新增的Locator的子階層。這樣就完成了直覺式操作的角色控制器（Rig），請務必試試看。

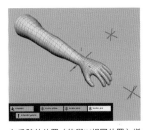
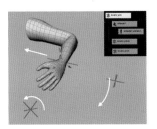

在手腕的位置（約與IK相同位置）增加Locator

在Hypergraph當中，只要在手腕Locator的子階層設定IK、指尖Locator、以及手肘Locator，就能夠組成簡易的角色控制器（Rig）。

Memo

手指骨架的裝設方法

控制人物角色的手指方式有各式各樣的方法。最普遍的方法，就是將所有手指都設置骨架。這是因為只要在所有的手指都裝設骨架的話，其構造就如同實際的手指一般，（只要不是特殊動作）因此可以設定任何動作。

另外，當手指的動作受到限制時（例如石頭、布、用手指指人等），大多使用一根骨架來控制數隻手指。這個方法由於在物理上骨架數量較少，因此設定也比較簡單。此外，也有一種完全不需裝設骨架的方法。

這個方法是使用Blend Shape直接將手指動作進行變形來做出動作。不過當Target太少的話，就會變成直線變形，必須特別注意。

一般都會在大拇指及食指裝設骨架，其他的手指則使用一根骨架進行控制

不要先從手腕開始裝設骨架，手指則先使用Blend Shape來進行變形，改變形狀。如果Target太少的話，就會變成直線變形，使動作變得很奇怪

read me

單純的脊椎設定

這一回在替人物角色的上半身（頸部與脊椎）動作加上動畫的設定當中，我們使用Low Poly模型來進行設定。

首先點選「Skeleton→Joint Tool」項目，在上半身裝設Skeleton。雖然這次的主題是上半身動作，不過我們還是在頭部、手臂、以及腿部等基本部位也裝設好Joint之後，在「Outliner」項目中檢查Joint是否已建立親子樹狀圖。

如要替人物角色加上充滿個性的動作時，可以在增加「使雙手水平舉起或略為向上」、「將雙腳張開至一定的間距」等基本動作後，藉由運用這些基本動作使人物角色活動。

在這次的Q1到Q3的例題中，舉凡頭部往左右方向搖晃時，肩膀也會稍微移動或是坐到椅子上時，體重會從腿部轉移到臀部等，上半身會如何活動成為一大重點。即使只是一個小動作，加或不加都會讓成品出現極大的差異，因此製作時可以先確認身體的哪個部位負擔多少體重，並不斷用預覽進行檢視，最後才按下鍵盤。

模型的構造與骨骼。從身體的中心部份開始（下腹部→肚臍→肩膀關節→頸部→頭頂）裝置Skeleton。

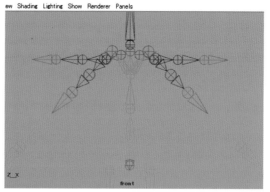

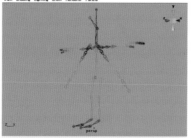

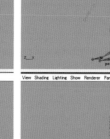

Joint位在關節的位置。在這個階段，不要彎曲骨架（Bone），而是筆直的置入骨架，在脊椎的線上設置3個Skeleton，頸部與頭部則各設置1個Skeleton。

講師 本城なお Maya 8.0

Q₁ 使頸部活動（左右搖頭的動作）的訣竅是什麼？

A₁ 製作時，也要注意會隨著頸部動作而活動的上半身動作

01 為了能在Joint上用鍵盤直接輸入，使頸部做出左右搖頭的動作，將脊椎上的3根Skeleton（spine1～3）往彎曲方向輕輕彎曲。「hip」（臀部）、「spine1～3」（脊椎的3根骨架）、「neck」（頸部）、「head」（頭部）等，所有Joint的位置以及這些Joint對於接下來所執行的人物角色動作是否恰當，首先在這個階段必須一個個地確認。

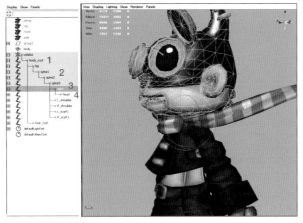

一開始的姿勢。將各Joint的名稱設定為 **1**「BodyRoot」（身體中心）、**2**「spine1～3」（脊椎的3根骨架）、**3**「neck」（頸部）、**4**「head」（頭部）。

02 使「neck」（頸部）與「head」（頭部）旋轉，試著讓頭朝這邊看過來。只要加上動畫就能夠一清二楚，但光是這樣只有頸部會動，顯得有點可怕，因此還要加上伴隨頸部動作的上半身動作。

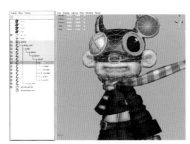

Channels Object	
neck	
TranslateX	8.535
TranslateY	0
TranslateZ	-0.227
RotateX	41.525
RotateY	0
RotateZ	0
ScaleX	1
ScaleY	1
ScaleZ	1
Visibility	on
Radius	1

INPUTS
 skeleton
OUTPUTS
 bindPose1
 skinCluster5
 polyTweakUV1

只有頸部活動的狀態。點選「Animation→Set Transfrom Keys→Rotate」使neck活動。

03 在02的狀態下再加上上半身的動作。雖說讓肩膀活動，但並不是單指移動肩膀，一般是指脊椎轉動。從腰部（waist）開始試著分別讓「spine1」、「spine2」、「spine3」3根Skeleton稍微轉動。轉動幅度則以位於胸腔附近的「spine3」活動（轉動）幅度最大。

接著配合頸部的動作，沿著胸部到肩膀（稍微到腰部）調整權重（Weight），以做出接近自然的動作。

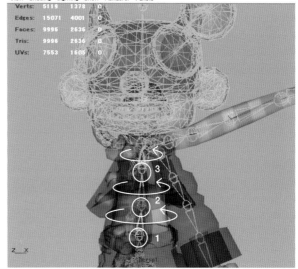

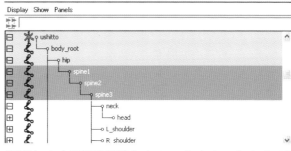

從腰部（waist）開始試著分別讓「spine1」、「spine2」、「spine3」3根Skeleton稍微轉動。若想限制Joint轉動的話，可以調整「Attribute Editor→Limit Information」中的Rotate來限制轉動的角度。

Memo

使用Joint來操作不需變形的物件

在這次範例當中，如模型所戴的圍巾等位在靠近活動部位的物件，採取另外裝設骨架的方式，若不需要使用Joint進行變形的話，則不需執行Bind，改設為Joint的「子」階層。

A₂ 製作時，必須注意頸部與上半身Skeleton的轉動與控制

01 製作時，記得要注意Joint的轉動。在人物角色的建模檔案上設定Joint，調整Bind、Skin Weight後，只要在Joint設定按鍵後就能夠製作動畫。由於頭部與頸部的Joint可以直接活動，因此不需要特別進行設定。

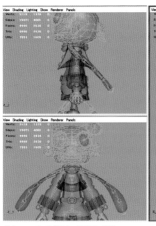

先在Joint加上按鍵，再增加動作

02 試著分別在上半身的「spine1」、「spine2」、「spine3」的RotateX、Y、Z以及頸部用鍵盤輸入，如果單純在同一Frame用鍵盤輸入的話，在製作動畫時就會變成「頸部與上半身往攝影機方向轉動」，因此動作會規則化，看起來就像機器人一樣。只要自己試著重複做出相同的動作，就能發現頸部與上半身活動的時間點不同，因此我們開啟「Animation Editor→Dope Sheet」，在Dope Sheet內分別將「spine1」、「spine2」、「spine3」、「neck」、「head」的RotateX、Y、Z的按鍵時間點錯開移動。

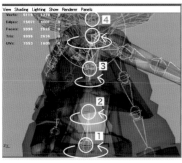

Joint接在模型上時的動作。分別將「spine1」、「spine2」及「spine3」以及頸部的按鍵錯開時間點

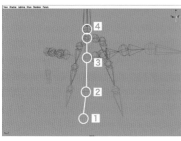

只有Skeleton的狀態。位於中央的脊椎（「spine1～3」）為配合動作，稍微彎曲

03 將使頸部與上半身活動的Joint的時間點錯開，在一開始時使頸部開始活動，然後配合頸部活動使上半身動動看。在這個部份，並不是肩膀在移動，而是脊椎轉動，因此從腰部開始分別讓「spine1」、「spine2」、「spine3」這三個Joint稍微轉動，從肩膀到胸部的部份跟著做動作。

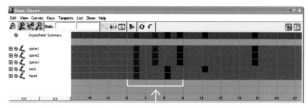

將使頸部與上半身活動的Joint的時間點錯開

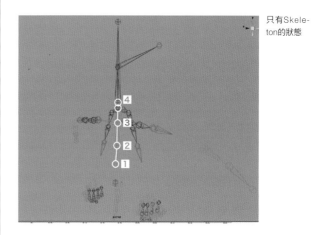

只有Skeleton的狀態

04 朝向攝影機時，上半身及頸部就能夠大幅轉動

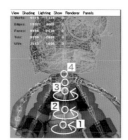

頸部與上半身的Joint

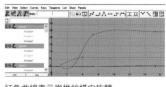

紅色曲線表示脊椎的橫向旋轉

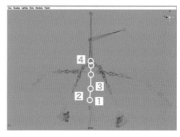

只有Skeleton的狀態

Q₃ 請教我如何才能做出坐下時腰部的動作

A₃ 重點在於體重的移動以及隨著上半身而向下的頸部動作

01 在身體開始坐下的階段，仍處於足部支撐體重的狀態，由於臀部是朝椅子的方向，因此上半身會藉由如同鞠躬般彎曲來取得平衡。

將Skeleton朝彎曲的方向稍微彎曲，位於腰部的「spine2」則因為肚臍以上的身體向前彎曲，使其轉動。此外，除了上半身以外，由於頭部也稍微朝下，因此頭部的Skeleton也要同時轉動。

由足部支撐體重、彎曲身體的狀態（有模型）。在此，只在位於頭部及腰部部份的「spine2」的Skeleton加上轉動

使臀部朝椅子的方向，視線則朝箭號方向看

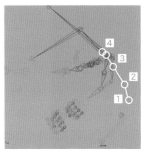

只有Skeleton的狀態

02 當臀部靠近椅子時，體重就會全部移到臀部上。上半身則因為體重移往臀部的緣故，身體稍微直挺起來。然而，在位在腰部的「spine2」大幅轉動下，脊椎的Skeleton也會配合身體彎曲而跟著彎曲。頭部的方向則隨著身體而移動。

注意Skeleton的彎曲程度

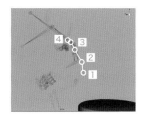

只有Skeleton的狀態

03 在坐在椅子上的狀態下，脊椎的彎曲程度會有些微的不同，必須多加注意。

根據椅子的硬度，坐下來的瞬間身體的傾斜度（上半身的彎曲）也有差異，因此在這次的設定當中我們設定成坐在較硬的長凳上，故為了在坐下來的瞬間臀部會固定在椅子上，我們使用「Graph Editor」來調整轉動曲線。配合轉動曲線，上半身及頸部就會稍微向前傾。

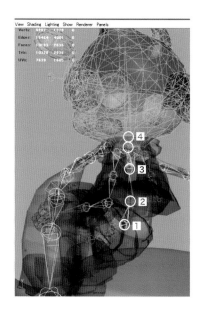

注意Skeleton的彎曲程度

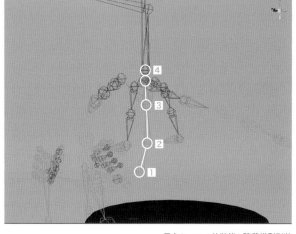

只有Skeleton的狀態。隨著模型形狀不同，陷入椅子的狀態也會有差異，但這次所使用的Low Poly大約是這種程度。

有模型的狀態

下半身設定是決定人形模型設定的關鍵

為全身體重由兩隻腳支撐的人物角色加上動畫時，關鍵在於下半身。當身體做出任何動作時，腿部也會配合身體的動作做出動作，因此即便只是稍微失去平衡，或是做出奇怪的動作，都會影響全身的動作。產生彆扭感。基於這一點，下面將針對人形模型的下半身設定特別重要的要點進行解說。

在這次的解說當中所使用的模型，為電玩等當中也經常使用的Low Poly人形模型。為了幫助初學者瞭解，本文使用簡易型全身模型，為掌握「下半身的設定」，本文特地只使用腿部（包括腰部的Joint部份）進行介紹。

此外，既然是下半身，大部分動作都是靠腳在地面活動，因此使用方便移動到想去的地方的IK來製作；至於飄浮在地面上的情況下，最好使用FK為佳（以Maya為

例，可在「IK Handle」Node→IK Blend」項目中切換IK及FK）。

以腰部為中心，往身體的上下左右的尖端建立Skeleton，除了腿部之外，從腳尖到腳踝這部份也是藉由Joint進行控制。至於脊椎的設定方面，亦可採用配合實際形狀使脊椎彎曲的方式，由於垂直配置的方式較便於控制動畫，因此在本文中採用筆直配置的方式。建立Joint時，是在側面畫面一邊按住（X）鍵，一邊扣在網格（Grid）上，正確輸入所完成的。配合網格排成一列，只在Manipulator的

Y軸調整各Joint的高度。接下來，就來介紹在模型的下半身設定Joint的過程。

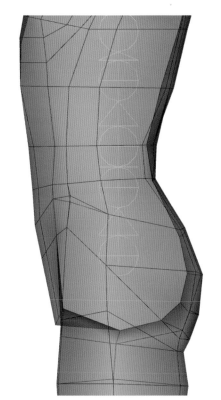

脊椎的Joint是在側面畫面進行作業

Joint的完成圖。亦可採用配合形狀使脊椎彎曲的方法，在這回內容當中採用的是筆直地配置Joint的方式。另外，關於Route Joint方面，亦可設定在腹部；在本文當中則將Route Joint設定在腰部。

講師

牛山雅博

Maya 8.5

Q₁ 什麼是裝設腿部Joint的訣竅？

A₁ 記得要通過腿部斷面的中心

01 基本上，只要讓Joint通過腿部斷面的中心即可。關於Joint的位置方面，使腰部成為雙臀的中心，同樣地膝蓋及腳踝亦成為關節的中心。最重要的是，使Joint從正面來看呈直線排列，此外，Joint的設置以及修正位置的作業一定要在側面畫面上進行。這裡有一點要特別注意，膝蓋的Joint應配置在比腰部及腳踝Joint之間所形成的直線稍微往前一點的地方。

因為體重會往前壓迫，所以將膝蓋的Joint置於稍微往前一點的位置上。Joint的數量有5個，分別位於腰部、膝蓋、腳踝、腳趾根部、以及腳尖

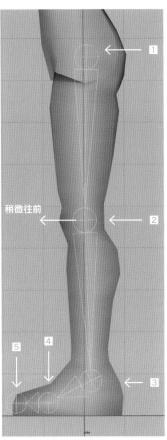

稍微往前

若想使Joint從側面來看成直線排列的話，就必須要使用「Skeleton→Set Preferred Angle」來指定優先轉動方向

02 在正面畫面上，將Joint往X軸方向移動

將腿部根部的Joint往X軸方向移動

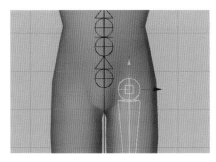

03 要將腿部的Joint與腰部的Joint接續時，必須一邊按住〔shift〕鍵，依照腿部、腰部的順序選取Joint，然後執行「Skeleton→Connect Joint」。最後只選取腿部的Joint，再點選「Skeleton→Mirror Joint」執行鏡射。以上就完成了下半身的Joint設定。

依照腿部的JointA→腰部的JointB選取Joint

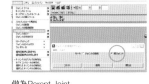

做為Parent Joint

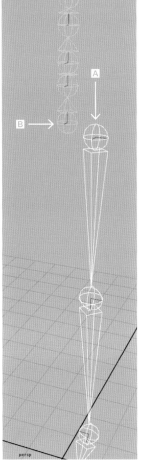

只選取腿部的Joint

由於本模型是以Z當作正面，因此在YZ方向指定Mirror Across

Q₂ 如何使足部固定在地面上？

A₂ 從腳踝開始裝設Joint一關節，再一個一個設定IK

01 點選「Skeleton→IK Handle Tool」，從腰部到腳踝均設置IK。在這個狀態下，由於只有腳踝受到固定，因此在彎腰時膝蓋會伸縮，足部則會以腳踝為中心進行活動。

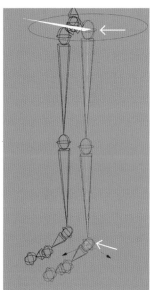
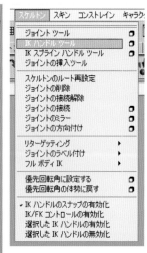

在「IK Handle」項目中，從腰部到腳踝均設置IK

02 想要將足部固定在地面上，就必須在腳踝到腳尖設置IK。在這個模型當中，雖然已經在從腳踝開始的Joint一關節上一個一個地設置IK了，然為了保持這個狀態將足部固定在地面上，就必須鍵入更多的IK。為了能夠更容易加上動畫，就必須分別將雙腳的IK群組化，然後在加上動畫時只要輸入群組鍵即可，不需直接輸入腿部IK。

在腳踝到腳尖的每個關節上均設置IK

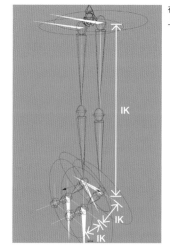
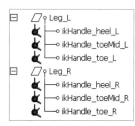

使用「IK Handle」，個別將雙腳上設置好IK的3個零件群組化，使加上動畫時更輕鬆

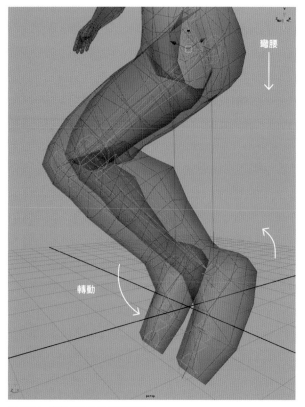

如圖所示，腿部以腳踝為中心進行轉動

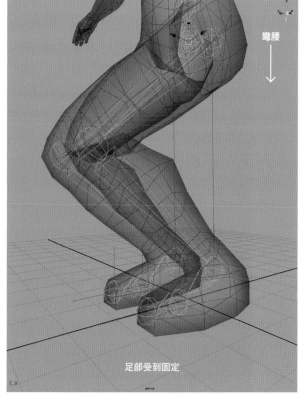

由於在腳踝到腳尖均已設置IK，因此足部受到固定

Q₃ 有沒有使用IK簡單製作動畫的方法？

A₃ 準備物件，選取整個足部來進行操控

01 從視覺上看不到的群組化當中，在作業畫面上既不能選取Joint，也不能調整Pivot Point，因此很難加上腳踝轉動等動畫。因此為了選取整個足部來進行操控，必須先準備物件。將Curve Object調整大小使之符合足部並決定位置後，在「Modify→Freeze Transformations」執行Transform的Freeze。接著，同時按住〔D〕與〔V〕鍵後選取Curve Object的Pivot Point，固定在腳踝的位置上。其中分別在兩隻腳設IK後即可。移動值、轉動的XYZ軸的數值全都設成「0」。這樣就能夠將腳固定在地面，也能夠移動、以腳踝為中心進行轉動。

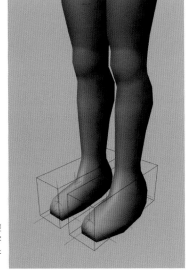

這個物件我比較喜歡使用未經Rendering的物件，因此最好使用Curve Tool所製作的物件為佳

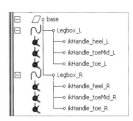

執行Transform的Freeze

在左右的物件中，分別裝設3個物件的IK Handle

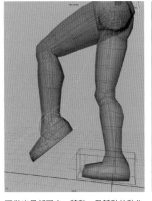 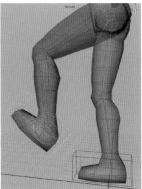

可做出足部固定、移動、及轉動的動作

Memo

製作操控足部IK的物件的作法

操控足部IK的物件，最好使用Curve Tool來製作為佳。然而在選取Curve Object時，如果沒有進行一體化的話就無法進行操作，因此我們使用一筆畫的曲線來製作立方體。Curve Object的作法如下，即叫出Locator後使用Scale縮小到0.1，接著在網格（Grid）上一邊執行Snap，一邊配置正方形。然後再將這4個Locator執行Duplicate（複製）後，再上拉到Y軸上，曲線則點選「Create→EP Curve Tool→1Linear」。接著按住〔V〕鍵後，在Locator執行Snap，來畫出一筆畫的立方體。這時候，即使同一邊經過二次也沒關係。完成立方體狀的Curve Object後，就可以丟棄Locator。

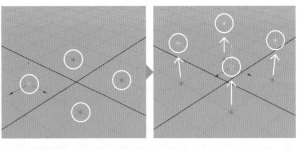

先配置4個Locator，同樣在Y軸上也複製4個

製作像庫柏力克人偶（Kubrick）這類直線構成的物件時，使用EP Curve Tool比較容易製作

選擇1 Linear後就能夠描繪直線

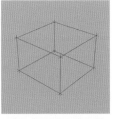

使用Curve Tool拉線時，不顯示網格看起來比較清楚

A₄ 在腳趾根部增加Curve Object，使足部的Curve Object變成親階層

01 在腳趾根部位置增加Curve Object，使足部的Curve Object上變成親階層（置入其中）。之後，將Pivot Point固定在位於腳趾根部的Joint。

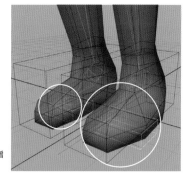

在腳趾根部也新增Curve Object

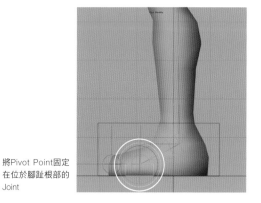

將Pivot Point固定在位於腳趾根部的Joint

02 將腳踝的IK變成該Curve Object的親階層。選取Curve Object使之轉動後，就能夠只抬高後腳跟。

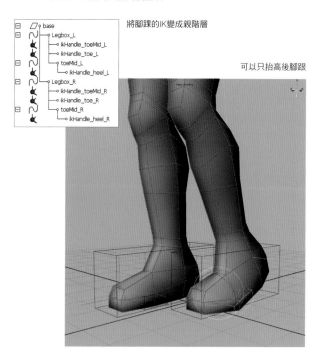

將腳踝的IK變成親階層

可以只抬高後腳跟

Memo

將Skin Weight Tool的數值設為「1」

加上Smooth使之變得平滑

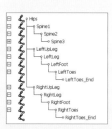

替各Joint取個一目了然的檔案名稱

調整數值

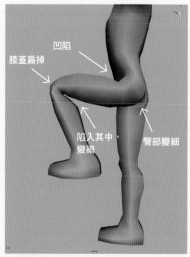

關節部份變細的狀態

調整權重的訣竅

如維持初期設定直接執行Smooth Bind的話，當腿部彎曲時，關節就會如同左圖一樣變細。這時，只要使用「Paint Skin Weight Tool」的繪圖功能來調整權重即可。

首先，將權重值設為「1」，接著一邊選取各Joint，一邊執行Paint。一邊降低數值來進行調整，最後再加上Smooth，作成平滑的Gradation。此外，為了能夠有效率地進行作業，最好能事先將各Joint命名，如此在選取Joint時會變得更容易。

要特別注意有以下幾點，即一邊改變筆刷大小，一邊維持一定的粗細，避免膝蓋及臀部等變形。此外，在身體設置權重時，若以環狀設置的話，就會減少彎曲時出現破綻的機率，在下一頁將介紹整體設置權重。

Q₅ 如何控制膝蓋方向？

A₅ 使用極向量

01 替腿部加上控制器（Controller）時，可藉由使該控制器的Y軸轉動來控制膝蓋的方向，然而做出動作時會造成腿部前後翻轉。在這情況下，可以使用極向量。使用「Create→Locator」在膝蓋正面設置Locator，一邊按住shift鍵，一邊依序選取Locator及腿部IK。接著執行「Constrain→Pole Vector」後，膝蓋就會往Locator的方向活動。此外，將足部控制物件設成親階層比較容易控制。不過為避免發生腿部翻轉的情況，必須對Locator用鍵盤輸入，好讓它能隨時來到膝蓋前方。

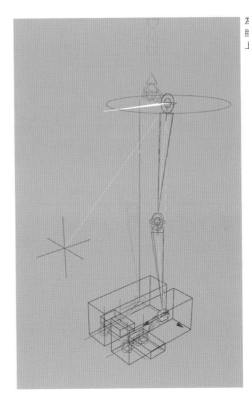

為防止翻轉，在膝蓋的Locator上用鍵盤輸入

選擇極向量

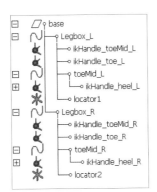

將足部控制物件設成親階層比較容易控制

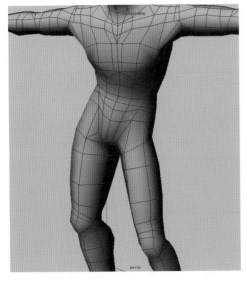

當膝蓋的內側等部位彎曲時，即使凹陷了也無所謂

保持一定的粗細程度

一邊檢查當各Joint彎曲或扭曲時形狀是否出現破綻，一邊進行作業。這是項需要耐心的作業。

支援花俏動作，既簡單又實用的方便設定

製作動畫時所不可或缺的，就是能有效率地產生動作的實用性設定。本文將使用上半身打赤膊的角色模型，來說明可支援花俏動作的角色設定，並依序說明從Joint的建立到蒙皮的過程。

文・範例●久城守
自由CG設計師。上次旅行時去了趟巴黎。在睡眠不足的狀態下去潛水，造成身體不適，狀況極差。
kushiromamoru@yahoo.co.jp
使用軟體：Maya 7.0

骨架的構造。建立脊椎時，必須顧慮到蒙皮（Skinning）所花的功夫，並將其需要性減至最低。考慮到肩膀及手腕的轉動，除了關節以外，都必須裝上Joint。此外為控制腳部，還得另外準備與身體骨架不同的Joint，稱作Reverse Foot。

理想的設定指的是，「在短時間內能製作出高品質的動畫」。

具體來說有下列幾點：

①以最少的鍵盤操作，表現更多的動作。

②不管哪一種姿勢，即使經過翻轉（flip）設定上也不會出現破綻。

③製作以單純為佳。

其中以③最為重要。這是因為如果每個步驟都以自動化為目標，不知不覺中製作過程就會變得愈複雜。組合複雜的設定在發生問題時，處理起來相當費時，且大多會發生降低處理速度以及佔太多記憶體資源等問題。話雖如此，若設定過於單純化，大部分的場面的效率也不會變得比較好。這部份的程度拿捏雖然非常困難，不過「製作時盡可能愈單純愈好」是CG的基本法則，製作時特別是在設定這方面，最好能注意到這條原則為佳。

這次我們使用上半身打赤膊的模型，來說明基本的設定。這個角色如同他偏強的外表一樣，以起身飛越投籃、做出花俏的動作為前提。這個角色的最大重點，在於如何毫無破綻地表現出其露出的肌肉。為此，我們盡可能將設定稍微複雜的肩膀部份以最單純的方式進行製作。

POINT 2 — 手臂的設定

手臂與腳不同，手臂根部與前端的扭曲方式截然不同。比方說，當肩膀與上臂同樣上下擺動時，幾乎不會扭曲，而手腕扭曲時也不會影響到手肘。在此一前提下，我們將剛剛完成的骨架進行設定。

←來製作即使肩膀與上臂同樣上下擺動也不會扭曲的骨架。在Ⓐ到Ⓑ的骨架之間挾著一個〔multiply Divide〕Node，如左圖所示構成連結

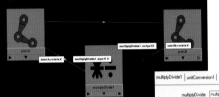

→在〔multiply Divide〕Node的Input2的項目中，輸入-1。最後使Ⓑ骨架固定在肩膀上，使Ⓐ骨架固定在上臂上

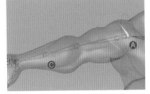

↑在IK Handle的工具設定中按下〔Reset Tool〕，使工具回到初期設定，讓Ⓐ到Ⓒ骨架通過IK Handle

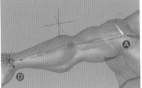

↑移動IK Handle的End Effector的Pivot到Ⓓ。接著配置Locator，並設定Pole Vector來控制手肘的轉動

→在〔Connection Editor〕當中，使Ⓓ的Rotate X連結到Ⓒ的Rotate X。這麼一來，手的自軸方向轉動就會受到手腕的影響

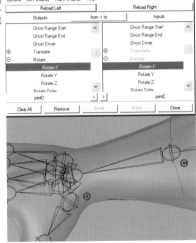

POINT 1 — 通過骨架

理想的變形，之後可能也需要用到不必要的Deformer。因此，像是一邊參考美術解剖書等書籍，一邊重複暫時性Bind的過程、配合模型來製作骨架也就變得相當重要。

設定的作業是從通過骨架後才開始的，因此要讓骨架通過哪個位置就變成一大重點。倘若在奇怪的位置裝設關節的話，在執行Skinning後，不管怎樣調整權重（Weight）都無法得到

←這次的人物角色的上半身打赤膊，因此在配置骨架時，必須特別著重變形顯著的肩膀周圍

↓在Joint Tool的工具設定中按下〔Reset Tool〕，使工具回到初期設定，在從腰部依序拖曳Joint。除了腰部的Joint以外，還要調整Translate X以及Joint Orient這兩項來配置骨架

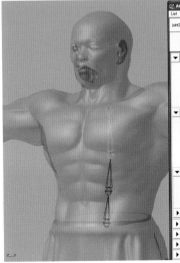

←當手肘彎曲、手臂向上抬起時，為避免肩膀扭曲，必須新增從Ⓐ延伸到Ⓑ的骨架（關於動作的操控留待後述）

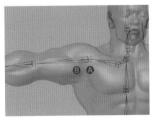

→其他的部位也依序拖曳骨架，完成半身的骨架後再執行「Mirror Joint」，複製另一邊後即完成骨架。

<table>
<tr><td>POINT **4**</td><td>POINT **3**</td></tr>
</table>

脊椎的設定 | 腿部的設定

脊椎是使用IK Spline Handle來進行操控。與手、腳相較之下，脊椎的設定就單純多了。

從脊椎延伸到頭部及鎖骨的部份乃是使用Joint直接運作，不需要特別設定。

最不容易加上動畫的，絕大多數都是下半身。比起從肩膀自然垂下的雙手，支撐全身體重的雙腳總是被要求做出應有的動作，而且只要出現一點不自然的動作，就會讓人感到彆扭。基本上，雙腳是藉由IK來活動的，而在未接觸地面的狀態下大多藉由FK來活動。在做步行的動

作時，腳接觸地面的話，便使用IK操控；當腳向上抬時則使用FK來操控，透過這種方式能夠完成高水準的動畫（在Maya當中，IK／FK的替換可透過位於IK Handle Node的IK Blend來操控）。關於腿部操控方面，本文將以Maya當中傳統常使用Reverse Foot為中心進行解說。

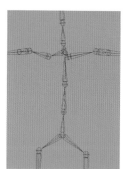

←在IK Spline Handle的工具設定中，按下〔Reset Tool〕恢復初期設定後，在腰部到頸部周圍設置IK Spline Handle

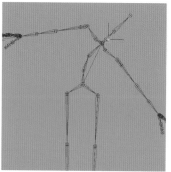

↑將完成後的曲線（Curve）最上方的CV當作一個群組（Cluster）。使這個群組活動，以控制上半身往前後左右方向移動

←使用Connection Editor，使IK Handle的〔twist〕與這個群組的Rotate Y做接續。就這樣只要讓群組的Y軸轉動，就可以使上半身扭轉。將用不到的Rotate X及Rotate Z鎖起來

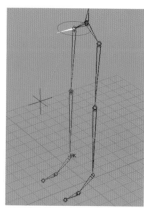

↑在股關節到腳踝部份設置IK Handle，配置Locator，並設定Pole Vector來控制膝蓋的方向

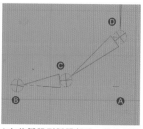

↑在後腳跟到腳踝部份，依序通過Ⓐ→Ⓑ→Ⓒ→Ⓓ Joint，來製作Reverse Foot用的骨架

腳踝

腳趾根部

→使用剛才完成的IK Handle在Ⓓ骨架上執行Point Constrain，同樣點選〔Constrain→Orient→Orient Constrain Options〕，勾選〔Maintain Offset〕後，分別將腳趾根部與Ⓑ、腳踝部份與Ⓒ執行Orient Constrain

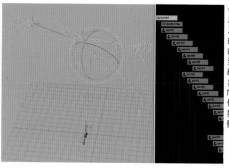

←將Reverse Foot以外的身體Joint及群組設為曲線的子階層。並將曲線的Pivot移動到腰部。這條曲線就變成該人物角色最上層的Node，只要使這條曲線活動就能夠讓人物角色活動

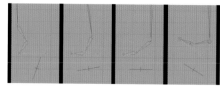

←製作Locator。使用Set Driven Key配合Locator的轉動，控制Reverse Foot

Column | **靈活運用Skinning以及控制動作的Joint**

由於這一回為基本說明，故從設定到Skinning只用一根骨架來製作；然而在實際的工作現場中，大多會準備一根Skinning用的骨架，以及數種控制用的骨架。

例如在前面介紹的手指設定中，常用的動作一般會準備使用

Set Driven Key控制的A骨架；欲使手指分別活動的情況下，就會準備僅設置Joint的B骨架。

執行Skinning的則是有別於前二者的C骨架。將C骨架固定在A與B上，視需要來改變Blend的程度，將A與B的骨架區分使用。

POINT **7**

Bind

最後介紹的是Bind。在加上〔Polygon Smooth〕之前,先將模型執行Smooth Bind。透過使用Paint來調整權重,將無法順利變形的部位或欲呈現肌肉隆起的部位,以新增Blend Shape或Influence Object來進行調整。由於有些部位只需調整權重即可,因此最好避免任意增加Deformer。這個階段,製作時也盡量以簡潔為基本原則。使用Skinning最麻煩的,就是肩膀及股關節。與其他關節相較之下,肩膀及髖關節的前後左右活動範圍較廣,肉也比較厚,因此不容易完全控制。從Maya 7開始,在Skin Weight的Paint中能使Joint轉動,可隨時轉動Joint確認哪個角度有問題,進行調整

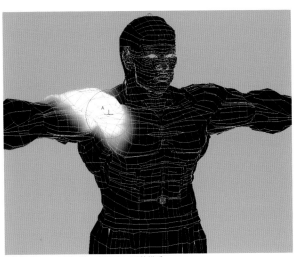

↑執行〔Smooth Bind〕,使用Paint調整權重

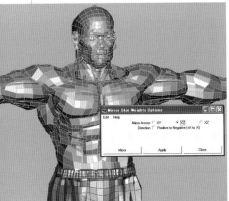

←調整完半邊的權重後,執行〔Mirror Skin Weight〕,複製另一邊的權重資訊

↓使用Influence Object來重現二頭肌的隆起。首先,先取消勾選Influence Object的〔Gemotry〕中的〔Use Gemotry〕的選項。接下來製作〔Polygon Smooth〕,在Influence Object進行設定。然後使用Set Drivern Key配合手肘轉動,調整大小

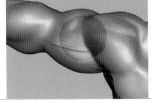
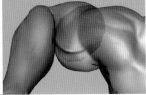

POINT **5**

手部的設定

使用Set Driven Key,可用來操控所有手指的Joint。然而,Set Driven Key只能夠操控Linear。因此,若要操控複數個Pattern時,依照Default Pose→石頭→Default Pose→布→Default Pose→剪刀的順序,在每種姿勢之間隔著初期設定姿勢,來進行石頭到布等的變形。

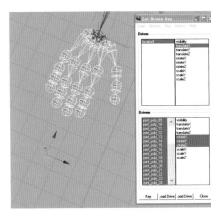

←將已完成的Locator的Translate X設為Driver,接著在所有手指骨架的Rotate X、Y、Z設定Drivern

↓配合Locator的Translate X使手指骨架活動

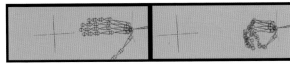

POINT **6**

製作操作容易的Interface

所謂製作動畫作業,亦即不斷重複用鍵盤輸入的作業,因此,各個按鍵的輸入手法,也要選用有效率的方法較佳。因為若能夠省略先選取物件、開啟Attribute Editor、選擇Tab……等重複作業的過程,就可以大幅節省製作時間。Maya備有多種Interface,可自行選擇操作順手的Interface。

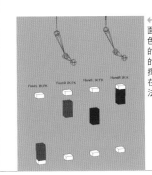

←以物件將IK∕FK的切換按鈕配置在顯示畫面上,使用Point Constrain來跟隨人物角色。這樣在顯示畫面上,即可確認人物角色的狀態,相當方便。其他方面,亦可將所需的Attribute整合成一個頻道,以MEL製作選擇用的視窗,或是將經常選用的Handle登錄在Making Menu或熱鍵上,也是不錯的方法。

建構可支援全身動作且纖細的角色控制器（Rig）

為對應活動全身的所有動作，我們在女性駕駛員身上進行纖細的設定。其中，充滿了運用Constrain功能等極具效果的可動構造。在本文當中，將以其中的建構上半身角色控制器（Rig）為焦點來進行解說。

文・範例●牛山雅博
自由CG設計師。我在最近剛搬家的個人網站中，準備了與本文相關的一系列動畫檔，一定要看喔！
http://usms.ws/
使用軟體：Maya 8

→【以鍵盤輸入的Rig】
Ⓐ全身移動
Ⓑ脊椎
Ⓒ頸部
Ⓓ視線
Ⓔ肩膀
Ⓕ臉部方向
Ⓖ手臂的轉動
Ⓗ手肘的轉動
Ⓘ位於World座標上的手部的IK
Ⓙ手指
Ⓚ手的轉動與位於Local座標上的IK
Ⓛ腰部
Ⓜ腳尖的上下動作
Ⓝ足部
Ⓞ以後腳跟為中心的腳尖上下動作
Ⓟ後腳跟的上下動作
Ⓠ以腳尖為中心的後腳跟上下動作

Ⓐ眼瞼（對準視線）
Ⓑ手臂的Pole Vector（手臂角色控制器的子節點）
Ⓒ脊椎驅動（對準脊椎）
Ⓓ位於足部控制器的Y軸上的Orient Constrain（腳部的Pole Vector親節點）
Ⓔ足部的Pole Vector（亦可單獨用鍵盤輸入）

有必要使用角色控制器（Rig）的這數年以來，筆者開始學習CG的這數年以來，筆者開始學習CG的這數年以來，根本沒聽過角色控制器（Rig）這個名詞。說得更極端一點，就算沒有角色控制器也無所謂。事實上，比起使用角色控制器，直接在Joint及IK用鍵盤輸入，動畫的自由度反而更高。另一方面，使用角色控制器的優點，在於在作業畫面的絕佳操作性、減少鍵盤輸入的項目等提高作業效率、以及可決定不該做的動作範圍。可是相反地，使用角色控制器有時也會限制動作的自由度。因此基本上在還沒習慣之前，最好不要太依賴角色控制器。此外，建構完成的角色控制器的操作難易度因人而異，本文中的說明部份也只是其中一個範例而已，因此希望各位一定要自行摸索出方便自己操作的角色控制器。

在範例中所使用的角色是專為電影所製作的，為了使全身都能夠做出動作，我在模型上增加了能夠支援柔軟動作的設定。這麼多的控制器看起來似乎很難操作，這是為了能以鍵盤輸入使各控制器活動，並支援各種動作，經過考慮後得到的結果。隨著想做的動作增加，角色控制器的數量也會隨之增加，這是無可奈何的事。

←在肩膀裝設IK，並
藉由肩膀的控制器
讓IK活動，就能夠做
出FK動作

由肩膀的控制器所
做出的FK動作

由手臂的控制器所
做出的FK動作

由手肘的控制器所做出
的FK動作

↑↗至於手臂方面，在手腕及手掌所裝設的IK，成為手部控制器的子階層。這麼
一來，就能夠利用與Joint配置在相同位置的各控制器的Rotate，也能夠控制FK動
作

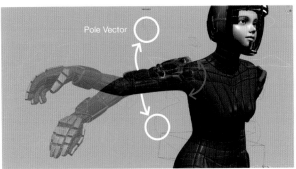

Pole Vector

↑由於Pole Vector的控制器設置在手臂（手臂根部）控制器的正下方，因此扭曲
方向是由控制器的Rotate所決定，而非Pole Vector

手部的控制器

World座標上的控制器

↑手臂的IK動作所使用的是手部控制器。在這個部份當中，手臂與手肘的控制器
並不會動。不過，被身體Parent Constrain化的Locator終究是親階層，因此會變
成以肩膀為中心的Local座標上的動作（上）。若想使上述動作在World座標上進
行IK動作的話，只要準備World座標用的控制器，執行Point＋Orient Constrain即
可（下）

使用IK控制手臂

手臂動作可分為IK動作以及FK
動作。這個部份的角色控制器
（Rig）組合方式，不論是手臂
的IK動作還是FK動作都無法自
由切換IK／FK，而是一律使用IK
進行操控。原因如下，第一，
由於不需切換手部的操控器，

所以可以對外部新增Controller
Target，並使用Constrain使動畫
進行多重混合。第二，即使直
接在Joint加上動畫（像bake過
的這種幾乎無法進行編輯的東
西），也能夠使用控制器來增
加IK動作或FK動作。

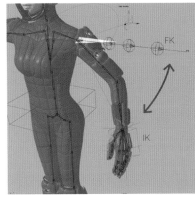

←簡易角色控制器（Rig）
的範例。在IK是在手部的
Rig上用鍵盤輸入，而在
FK則是在Joint上用鍵盤輸
入。一般而言，這裡的IK
及FK多為使用IK／FK
Blend來切換，或是混和
使用

FK

IK

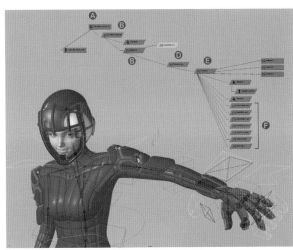

↑在全身的關節加上控制器（Controller）。
將各控制器配置在與手臂Joint相同的位置，
Pivot亦配合Joint的Pivot。控制器的階層構
造與Joint的構造相同，為了固定控制器，將
Locatorⓐ設為親階層，然後依序設定「ⓑ肩
膀→ⓒ手臂→ⓓ手肘→ⓔ手腕→ⓕ手指」

→我們在肩膀控制器的親階層設置Locator的原
因，是為了讓Parent Constrain化的物件能夠受
到Translate以及Rotate控制。為了讓肩膀的控制
器能夠自由活動，因而將固定控制器群組的
Locator固定在肩膀的骨架上，將上一層的Joint
（亦可讓脊椎成為肩膀Joint的親階層）予以
Parent Constrain化

↑↗Route Joint的親階層為腰部控制器。只要操控腰部控制器，就能讓整個上半身傾斜

腰部
控制器

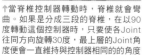

脊椎控制器

對準旋轉
控制器

藉由Aim Con-
strain旋轉

↑當脊椎控制器轉動時，脊椎就會彎曲。如果是分成三段的脊椎，在以90度轉動這個控制器時，只要使各Joint往同方向旋轉30度，最上層的Joint角度便會一直維持與控制器相同的的角度

↑使脊椎控制器的Rotate X與Z往頭部上方的十字箭號控制器方向作Aim Constrain。相反地，為了讓十字箭號控制器朝向脊椎控制器的方向，只有Rotate X與Z要對準脊椎控制器

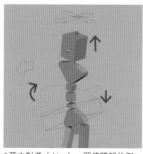
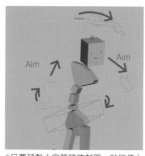

Aim

Aim

↑藉由對準（Aim），即使腰部放倒，脊椎控制器也會朝向十字箭號方向移動，因此能夠保持上半身直挺、只有腰部做出彎曲的動作

↑只要移動十字箭號控制器，就能使上半身往其移動方向傾斜

→為了讓未鎖定脊椎控制器的Y軸能與十字箭號控制器呈相同的角度扭轉，必須將十字箭號控制器設為Driver，將脊椎控制器設為Driven。這麼一來，就能透過十字箭號控制器來控制脊椎的彎曲。如果覺得脊椎控制器太礙眼，亦可隱藏脊椎控制器

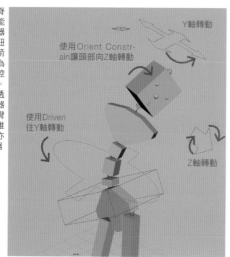

Y軸轉動

使用Orient Constr-
ain讓頭部向Z軸轉動

使用Driven
往Y軸轉動

Z軸轉動

POINT **2**

由複數Driven所控制的手指

手指的動作複雜且纖細，因此使用Driven Key直接控制Joint使之活動。這裡的Driven Key可分成二種，一種能夠操控整個手部的動作，一種則是個別操控每根手指的動作。雖然Driven Key無法支援所有手指的動作，但可藉由2個以上的Driven來控制單一Joint的動作，因此動作有可能被混合，重現出複雜的動作。

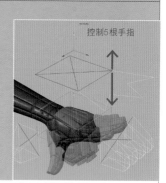

控制5根手指

↑能完全操控5根手指活動的Driven Key。當Driven Key往上，就會張開每根手指；當Driven Key向下，就會做出握拳的動作

↓能操控每根手指活動的Driven Key。除了大拇指以外，亦有一併控制其餘4根手指的Driven Key

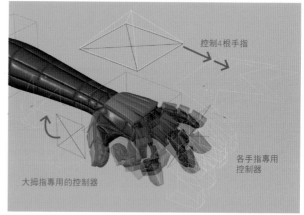

控制4根手指

大拇指專用的控制器

各手指專用控制器

POINT **3**

腰部與脊椎的控制

若想讓位於身體中心部份的上半身活動自如的情況下，就必須控制腰部與脊椎。本模型在

腰部設置Route Joint，以腰部的控制器（Controller）為親階層。幾乎所有的控制器都位於和Joint不同的集合點（node）上，但只有腰部控制器會成為Joint的親階層。脊椎上的控制器成為腰部控制器的子階層，脊椎的Joint則以Driven Key來操控動作。

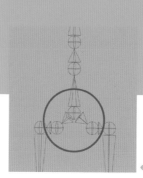

←本身體模型的Route Joint位於腰部

→藉由將X軸作Aim Constrain，即可取得X軸在Local軸上的角度。使用Driven等，將此一X軸的角度輸入到Target Shape的Joint。輸入完後，Base Shape的眼瞼就會隨著眼睛動作而動

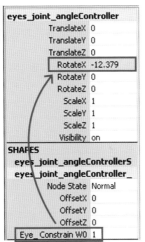

eyes_joint_angleController	
TranslateX	0
TranslateY	0
TranslateZ	0
RotateX	-12.379
RotateY	0
RotateZ	0
ScaleX	1
ScaleY	1
ScaleZ	1
Visibility	on
SHAPES	
eyes_joint_angleControllerS	
eyes_joint_angleController_	
Node State	Normal
OffsetX	0
OffsetY	0
OffsetZ	0
Eye_Constrain W0	1

↓❶移動視線控制器 ❷Aim Constrain ❸使用Driven讓Joint活動（Local座標） ❹眼瞼上抬 ❺使用Blend Shape使眼瞼變形

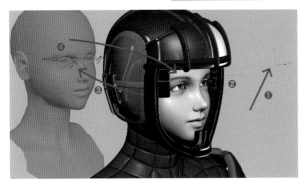

隨視線方向而動的眼瞼

眼球會藉由朝視線的Target進行Aim Constrain，而望向視線的方向；同樣的，眼瞼也必須跟著眼球的動作而動。這個人物角色乃是使用Blend Shape來加上表情，故與使眼瞼閉上等的Target不同，為了讓眼瞼能夠跟著視線方向而動，而製作Target Shape。

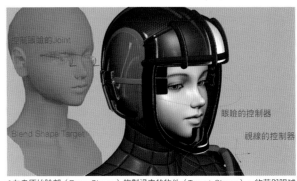

↑在自原始臉部（Base Shape）複製過來的物件（Target Shape）、約莫與眼球Pivot相同的位置上，設置Joint，然後執行Bind。Slider的數值固定為1（最大）。此外，在位於與Base Shape相同位置的Node（頭部Joint）上，設置Curve Object，作為使眼瞼與視線聯動的控制器。讓該Curve與眼球相同的Target只就X軸進行Aim Constrain。

Column   **如何避免麻煩的手臂扭曲？**

　　若要使人物角色如圖Ａ一樣擺出手臂彎曲的姿勢時，使用Bind來調整權重並不容易。尤其是在使用IK操控動作的情況下，必須讓手臂根部所產生的軸線扭曲平均分散到整隻手臂Ｂ。像這種手臂出現破綻的形狀，不是用Slider來進行直線變形，而是必須將扭曲部分的Vertex Point變形成弧線般的形狀。因此基於與控制眼瞼的相同原理，必須使用Blend Shape來進行修正。

　　首先，在Target Shape內裝設Joint，為了讓手臂關節位置以外的部位也能夠在中途進行分割，因而配置了Joint。接著當手臂彎曲時，為了使該Joint往軸線的反方向轉動，因而設置Driven KeyＣ。這個部份雖然使用Joint，但由於Target Shape並沒有裝設Joint，因此也可藉由Cluster（群組）來進行修正。

圖Ｂ形狀出現凹陷、擠壓等缺陷（左）。以及修正後恢復平滑的形狀（右）

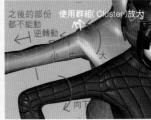

圖Ｃ使手臂根部幾乎反轉100%，在手臂中間約一半的位置進行調整。若尚有形狀削瘦的部份，也可以裝設群組（Cluster）等，使用Scale進行修正

專為動畫製作量身打造髮型及服裝的設定

運用Cloth模擬器，來設定女性角色的頭髮以及服裝。一面讓Cloth構成的頭髮與動作相結合，一面轉換成Hair。本文透過使用Script而非手動作業，介紹一併設定的好康之處。

文・範例●柳島HiD
原本是從企劃到遊戲設計全部包辦的遊戲職人，最近則專心擔任CG設計師。
http://www2.ocn.ne.jp/~hidyboy/
使用軟體：SOFTIMAGE|XSI v5.0（64bit版）

↑在這次的範例中所使用的人體模型。這個角色本體的角色控制器（Rig），是使用XSI的Rig Guide所做成的東西進行設定。頭髮的模型為直接使用Cloth版本專用模型，服裝方面，只有材質輕薄的裙子使用Cloth來製作。

在這次的設定當中，我們一邊將動畫製作放在心上，一邊來進行頭髮及服裝的設定。在進行這類製作時，最重要的要點就是設定作業的效率化，以及因應狀況盡可能利用軟體進行輕微的處理。

首先是頭髮，我們分成遠拍用的輕微處理版以及適合特寫鏡頭的加強處理版來製作。由於作業上使用輕微處理的模型相當多，因此我們使用Script將多數模型一併進行設定，使作業更有效率。另一方面，加強處理部份則是從輕微處理專用的色板模型使用Spline，採用逐漸做出Hair的形式。在此為避免造成各位的誤解，有一點要事先說明，XSI的Hair具有相當強大的功能，當然也可以處理力道（force）以及障礙物設定。只是在本文當中，為了消弭與遠拍用服裝動作之間的彆扭感，所以才採用這個形式。

而關於服裝方面，在這次的模型當中，我們將處理的部份限定為裙子。由於上半身的厚質羊毛衫使用較硬的素材，因此就不使用Cloth進行處理。由於這件裙子在處理上屬於質地輕薄的材質，因此藉由是否進行再細分（Subdivide）做有效率的處理。

針對頭髮，我們分成遠拍用的輕微處理版以及適合特寫處理色板狀的模型；至於加強處理，則是使用Hair功能。

Cloth模擬器的Syflex來處理的處理。

在進行輕微處理時，是使用Cloth模擬器的Syflex來處理。

POINT 2

組裝設定用的Script

啟動Script Editor後,從上面用灰色顯示的記錄區域之中,將主要的記錄抽出,貼在正下方的編輯區域進行編輯。在本範例的Script當中,為了能夠將複數選取的模型一併進行設定,有幾點必須要特別注意,不過這項作業並不難,因此予以割愛。除了設定頭髮用Cloth之外,同時也完成了一併刪除設定、快取檔案名稱一併登錄、以及刪除一併登錄等設定。Cloth的設定大致完成後,再登錄快取檔案,寫入結果。

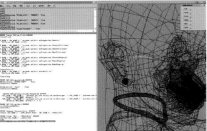

←一邊參照Script Editor的記錄,一邊組成自動設定的Script

←在處理Nail方面,在Null的名稱下,將色板模型的附加名稱重新命名,配置於頭部階層下後,組成Script

→完成Script。參數方面仍有待評估,暫且先儲存Script

↓選取所有頭髮模型,執行Script。然後重播畫面來檢查模型狀態,即可確認所有模型是否經過Cloth處理

POINT 1

使用Cloth來設定頭髮

我們使用43片色板上的多邊形模型來製作頭髮。首先,先在一片模型上設定Cloth,尋求最適當的參數值。接著,再加上Gravity及Dump,並使用Nail來約束髮根部份。最後只要使用Collide來指定Collision模型,就完成大致上的設定。設定完成後,可在頭部設定簡單的動作,並重播畫面來檢視計算結果。如果計算結果良好的話,則再次遵循相同工程進行作業,並在Script Editor的記錄上保存資訊。

↑使用多邊形所做成的頭髮(43片)、本模型衝突判定用的頭部、以及羊毛衫的模型

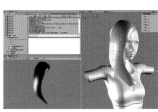

↑限制單片色板模型,以求出Cloth的參數值

↑使用Nail將頭髮固定於頭部。先選取頭髮髮根部份的頂點,再執行指令

↑將色板模型階層化所做成的Null,配置在頭部的骨架或Effecter階層化

←使用Collide來連結色板模型與作為衝突判定之用的Collision Object

↓在頭部加上動作,重播畫面來檢視模擬結果

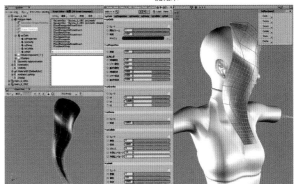

← 作為Hair基底的Spline仍
然保持與原有模型的關聯，
因此當使用Cloth的模型變
形時，Hair也會跟著變形

← 最後抽出139根Spline。這項作業雖然相當
麻煩，若使用Script進行處理就會變得相當棘
手，因此只能靠手工作業

→ 重播畫面來檢視，即可發現Hair
用的Spline會追隨使用Cloth而變形
的頭髮模型，而產生變形

↑使用所有已抽出的Spline來產生Hair。Hair就會順利地隨著Cloth版的動作而飄動

從模型到Hair製作

接下來，我們利用Hair來進行精細度高的設定。本範例製作的主要目的，在於在遠拍及特寫當中，分別使用Cloth版以及Hair版的頭髮。也因此，頭髮動作會截然不同，相當不方便。因此，我們從Cloth的色板模型的Polygon Edge抽出Spline，再使用抽出的Spline來產生Hair。由於抽出的Spline保有與多邊形模型的關聯性，因此當Cloth版的模型變形時，使用Spline完成的Hair也會跟著變形。實際進行作業時，是將模型當中的縱向Edge以邊緣、中間、邊緣等3～4根Edge為一單位予以抽出。這項作業相當單調費工，非得用手工方式來處理不可，慢慢地在所有的色板模型上進行作業。抽出完成後，再從每一組Edge產生Hair，並設定頭髮的根數、粗細、髮色等各項參數。

↓已抽出的3根曲線。這
些曲線的頂點數不一致
也無所謂，不過根據選
取的方式，可能無法順
利產生Hair，必須特別注
意

↑選取頭髮色板模型的縱
向Edge，依照邊緣→中
央→邊緣的順序，使用
〔從Edge中抽出〕的功
能來產生曲線

↑依照邊緣→中央→邊緣
的順序選取曲線，以產生
Hair

Column | **使用Script進行自動化、效率化的作業**

Script是提昇作業效率的重要因素。下面將介紹簡單的Script作法，請務必有效利用。

首先，先執行模型的選擇處理（6種Cube模型的選項）。選取一種Cube模型之後，從記錄（Log）複製" SetAnd Toggie~"這一行貼到編輯區域上 **A**。由於會在Cube的原樣下被限定，因此在句末加上" * "（萬用字元），按下〔執行〕後就能夠選取所有的Cube**B**。

接著使用Loop處理" For~Next"，試著移動複數個模型。首先移動Cube，並複製記錄（Log）到編輯區域**C**。在第一行寫上" Set oReturn~"，取得所選的模型列表。在" For~Next"之間依照" SelectObj~"、" Translate~"的順序，配置每個指令。在" For"這一行當中，以每一次的模型名稱代入到OBJ_NAME。按下〔執行〕後，所選的Cube就會全都輸入Trans值，進行移動 **D**。

A 選取Cube
後，從顯示記錄
的區域中複製內
容，貼到編輯區
域上。在這個畫
面當中，會出現
Cube1～Cube6
的模型

B 將模型的名稱
補上萬用字元，
變成「Cube
 * 」。執行Script
後，就能夠選取
6個Cube

C 在Cube的Trans X
上輸入30，然後移
動。再從記錄上複
製Translate這一
行，貼到編輯區域
上

D 使用「For~Next」，
讓藉由Selection
List取得的選擇模型
部份進行Loop處
理，並使用同時取得
的模型名稱來選擇
模型，以Trans使其
移動

← 在裙子上設定Collision模型。本來最好使用Low Poly為佳，礙於時間的關係，只好將Collision模型轉成High Mesh

↓ 將Nail的Null配置在Rig的骨盤階層之下，使之能夠隨著身體而動

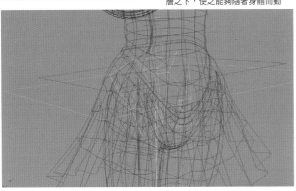

→ 連身裙本體的設定。針對骨盤部份，將位於連身裙與裙子的交界處的頂點之Envelope設定為100%

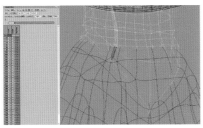

↓ 重播畫面來檢視計算結果。為避免超過界線，將Collision值設定的稍微高一點

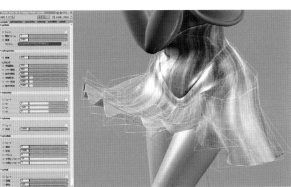

↑設定最後的動作、燈光、以及Rendering。燈光方面，為了讓Area Light效果更佳，使用6個Point Light；Rendering方面，則使用Final Gathering

在裙子上設定Cloth

有關這次服裝的Cloth設定方面，我們限定在粉紅色且材質輕柔的連身裙裙子的部份進行設定。首先為了減輕連身裙的計算量，我們將裙子部份從連身裙裁切出來。裁切之後，就在這個裙子部份設定Cloth，同時新增Gravity以及Dump。接著，選取欲執行衝突判定的物件，登錄為Collide。然後標籤（Tag）選取裙子與連身裙的接合部份，設定Nail。為了讓這個

Nail能夠跟隨人物角色的動作而動，我們將Nail的Null配置在骨盤的骨架階層之下。至於連身裙的本體方面，針對骨盤部份，我們將位於連身裙與裙子的交界處的頂點之Envelope值設定為100%，以消除裙子交界部份的分歧。設定完成後，一邊透過重播畫面，觀察模型狀態，一邊進行參數調整。調整完畢，登錄Cloth的快取檔案名稱，將計算結果寫入。

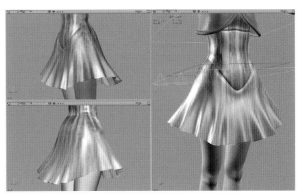

↑人物角色所穿的連身裙。材質設定為輕柔的布料

↓為了減輕Cloth計算處理的負擔，將裙子的部份從連身裙裁切出來

↑裙子與Collision模型。為減輕處理的負擔，故使用從Collision模型中擷取出限定的身體部份

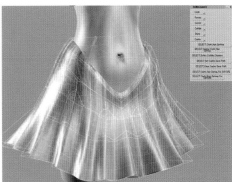

← 在裙子部份設定Cloth。由於裙子材質輕柔，因此使用Gravity值較少的設定進行處理

凸顯〈Virtual Fighter 5〉人物角色與服裝效果的設定

2006年7月開始 3D格鬥遊戲〈Virtual Fighter 5〉
是以HighSpec的Arcade用CG基板LINDBERGH為平臺。
遊戲登場角色的動作以及伴隨動作而產生的服裝皺摺，
與真人的活動方式相近的程度簡直讓人大吃一驚。
能夠做出如此逼真動作的原因，全得歸功於纖細且設置複雜的設定。
本文將針對其構造進行介紹。

AVANT
第二製作部
主任
設計師
藤木伸幸先生

SEGA
第二AM
研究開發部
角色
設計師
牧野宗和先生

©SEGA

全面革新的骨架系統

在〈Virtual Fighter 5〉（以下簡稱〈VR快打5代〉）當中的人物角色設定上，比起前作〈Virtual Fighter 4〉（以下簡稱〈VR快打4代〉）有著極大的變化。那就是「骨架」的操作。

AVANT的藤木伸幸先生擔任人物角色設定主任，他說，「在〈VR快打5代〉當中，所有的人物角色都是個別裝設骨架，形成符合該角色體型的骨架。」像這樣使每個角色有各自的骨骼，有助於使人物角色更容易控制（動作的操控性）。在〈VR快打4代〉當中，不管人物角色的體型如何，所有角色全都使用相同形狀的骨架，因此對於負責動作設定人員造成極大的負擔。而在〈VR快打5代〉則改良這一點，因應各角色的肩寬及腿長等來裝設骨架。〈VR快打5代〉這種嶄新的骨架，乃是以負責動作設定人員以及藤木先生為中心的設計師們經過無數次調整後所完成的心血結晶。

此外，〈VR快打5代〉也在臉部加入骨架，裝設複雜的控制用骨架（在SEGA用語當中稱為辮子骨架）的服裝數量也增加了。特別是聽到每個角色均設個別裝設骨架後，就覺得必須管理的骨架數量也跟著增加了。根據人物角色設計師牧野宗和先生所說，為了能夠有效管理這些骨架，他們特地增加了下列這道程序。

「單一角色的臉部、身體、以及全身的服裝，都在同一個畫面一併進行管理。再用本公司的工具一邊切換一邊使用。」原本在〈VR快打4代〉當中，每件服裝都是在個別畫面進行管理，但因為這種管理系統的出現，使得以往繁瑣複雜的程序大幅減少。不僅如此，同樣從作業效率這點來看，在〈VR快打4代〉中，以原本設計師以及動畫師所操作的骨架不同，也因為人物角色擁有固有的骨架而改變，使得設計師及動畫師可以共同操作，這一點也影響重大。即使設計師增設了新的骨架，負責動作設定人員也不需更新。

為了能在LINDBERGH基板的高處理能力下，使這種嶄新的骨架系統發揮最大的功效，因而導入了眾多控制骨架的高級設定。Expression也就成為建構這種控制結構的根本技術。詳細內容將在下一頁開始介紹，這種技術可以迴避加上動作時可能發生的錯誤、提昇作業效率、使服裝與身體動作同步動作等，用途相當廣泛。我們可以說，正因為在人物角色的各個部位裝設了以Expression為中心的多樣化設定，為〈VR快打5代〉的人物角色動作注入了生命力。

素體精巧的設定

素體的骨架構造

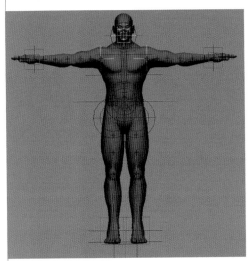
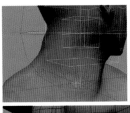
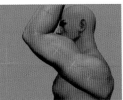

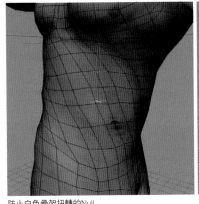
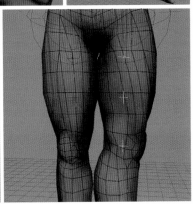

我們在每個人物角色身上都個別裝設骨架，在素體的骨架當中，骨架數量等拓樸（Topology）為共同的，而骨架長度等視體型而定的部份則是固定的。基本上男女骨架之間並沒有顯著差異，不過在女性角色的素體當中，於左右邊各加入一根表現胸部豐滿的骨架，這一點是最大的特色。構成一個素體的骨架數量為176根，為了讓設置的骨架能夠憑著直覺認出，因此用顏色加以分類。紅色為可移動的骨架，以箱形的Wire Frame來表示（黃色為例外，屬於Up Vector）。藍色表示可轉動的骨架，使用Null或球狀的Wire Frame來表示。裝設Expression的Null骨架也相當地多，特別是位於手肘及膝蓋的Null，這些都是用來固定、避免關節彎曲時形狀崩壞的重要骨架。

防止白色骨架扭轉的Null

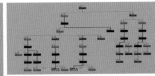

VR快打4代的素體模型以及骨架構造的簡圖。與下方的VR快打5代簡圖相較之下，即可得知VR快打5代的素體設定更加縝密

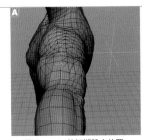

Null及Up vector的初期設定位置

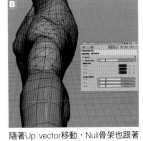

隨著Up vector移動，Null骨架也跟著移動

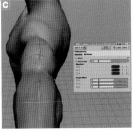

權重值方面，從眼前的Null骨架開始依序為0.4、0.1、無

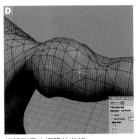

扭轉到最大極限的狀態

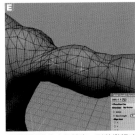

手臂扭轉動作未經補完，形狀變細時的狀態

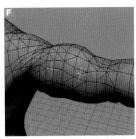

經過調整後，保持手臂形狀的狀態

手臂扭轉的控制

在手臂彎曲時，容易發生因扭轉所引起的形狀變化，可以使用Up Vector以及Direction Constrain的方法來進行控制。首先，先設置3根控制用的Null骨架以及Up Vector（黃色Null）A，藉由移動這個Up Vector，眼前的Null骨架會跟著微微轉動B。接著，根據Direction Constrain，將Null骨架的Y軸方向設定為朝向Up Vector。不過，為避免Null骨架的Y軸方向100%朝向Up Vector，必須階段性的調整各Null的權重值（Blend Weight）C。若將權重值設定為1.0，就會如圖D所示；若權重值調成0.0的話，就會變成圖E。透過適當調整權重值，就能構成即使手臂扭轉、形狀也不會變形的構造F。

使用Expression來操控服裝

因應服裝屬性的設置

在服裝當中,有些服裝會視其造型、質感等屬性的不同,很難重現各種動作。為配合這些服裝的屬性,在這個部份我們使用Expression來進行操控。影丸(忍者)的鎧甲就是其中之一 A。我們使鎧甲活動的骨架的親階層中新增Expression,然後再加上Collision,在防止服裝嵌入上下了一番功夫。接著,我們在莎拉(金髮女孩)的裙子也裝設骨架及Expression,進行階段性的設定,讓裙子能夠配合腿部動作平順地滑動 B。此外,設定上最為棘手的,就是傑克(金髮男子)的刺繡夾克外套 C。由於必須保有厚質外套的重量感,因此在相鄰的骨架上設定了Distance Constrain,構成骨架不會相隔超過一定的距離的構造。

肩膀上部與腰部周圍的設定

在服裝設定方面,除了適合模擬飄動的素材外,我們在每個人物角色的服裝Pattern全都裝設固有的骨架。這個部份,必須運用Expression來進行操控。例如在結城晶的道服上設有Expression,負責操控上衣的肩膀上部部份。從初期設定的姿勢到手臂上舉時,Expression也會跟著手臂一起上抬;當手臂下放時,Expression則停在初期設定的位置上,不會移動。由於這項裝置,可防止手臂下放時造成上衣跟著往下的現象。其他方面,由於我們在上衣的下擺裝設了Expression,因而構成了受到上抬的大腿擠壓,上衣下擺也會跟著往上拉的構造,不會造成下擺嵌入大腿(上衣下擺不會跟隨大腿的動作而動)的現象。

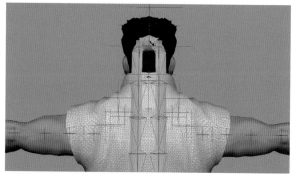

肩膀的Expression(藍色的Null)

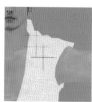

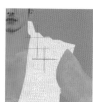

初期設定的手臂位置　　當手臂上舉時,Expression也會跟著上抬　　當手臂下放時,Expression不會降下

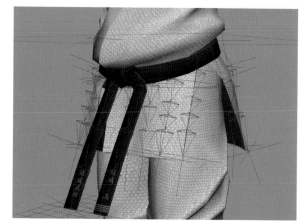

在上衣下擺中所裝設的骨架

裝有Expression(左)、沒有裝設Expression(右)

設定EXTRA

Transform的設定

為了更有效率地加上動作,並限制那些不希望存在的方向的動作,我們利用骨架來設定可動範圍。比方說,當我們選取改變膝蓋方向的骨架時,僅將對應X軸與

Y軸的旋轉工具設為可動。當我們選取控制手部位置的骨架時,就將能夠讓XYZ全軸可活動的移動工具設為可動。

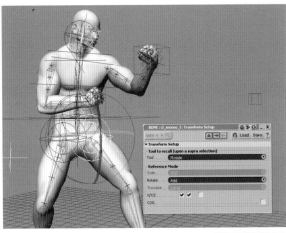

選取膝蓋用的骨架時

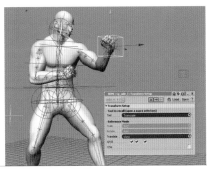

選取使手部活動的骨架時

呈現戰鬥姿勢

在格鬥遊戲中特有的骨架方面,自VR快打5代起新增了胸骨。這種胸骨,能讓人物角色做出身體前屈(駝背)的姿勢,使與敵人對峙時的戰鬥姿勢顯得更加逼

真。附帶一提,模型中的紅線部份,是為了在進行動畫作業的過程中,若發生Flip時,能更容易發現的參考線。

VR快打4代的動態模型

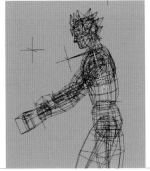

VR快打5代的動態模型

表情控制

自VR快打5代起,連頭部也加入骨架,可使用頭部Rig進行操控。由於這項裝置,使得以往多邊形臉部的Pattern Change所無法呈現的細微表情得以呈現。使用這種

方法所完成的表情,必須使用Synoptic View登錄必須的物件,一邊進行切換,一邊調整權重及Mesh。

莎拉的臉部Rig

切換用的GUI為原創物

手部骨架的控制

在所有的手指內部全都設置了Null的骨架,不過若要一根一根地去操作這些骨架,效率會變得很差。因此,我們準備了可統合操控手指的控制器。操控的流程如下:首先,事先將手指的Pattern(剪刀、石頭、布等4種動作)配置在Animation Mixer,並分別將各手指的權重值設成初期設定值0。接

著藉由移動控制器,為了使X,Y,Z的數值全部為0時能夠做出石頭的動作,我們將石頭的權重值設為1。當控制器移動到X軸時,藉由Expression建立關聯的其他動作的權重值,也會跟著聯動上升,因此手指就會伸展開來。只要將X,Y,Z的移動值加以混合,就能夠做出更細微的手部動作。

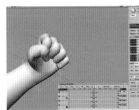

移動值X,Y,Z=0,0,0

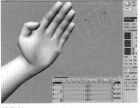

移動值X,Y,Z=54,0,0

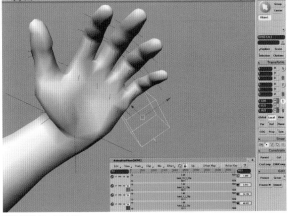

移動值X,Y,Z=9,24,50

START

用CG讓人物動起來

講手機的女性

藉由身體自然的動作及表情的變化
表現出與對方講電話時的感情變化

我們試著來

製作手機吧。仔細觀察手機，會發現手機的結構相當複雜，如果講究造型的話，就會使用到數量相當龐大的多邊形來建構，相當驚人。這是因為最近的手機造型相當重視設計，因此只要能妥善利用骨架（Skeleton）素材，再加上珍珠光澤的烤漆，就能夠大幅提昇手機質感。手機製作看似相當簡單，其實製作過程卻有如汽車建模般相當費工。比方說，細微的凹槽該用圖片來魚目混珠，還是乖乖地用多邊形仔細做呢？就這樣一再煩惱後得出的結果，就是「反正這這麼細小，只要貼上圖片就足夠了」的這個選項。選擇這個選項時，便會有「禁止」手機放大特寫的限制。即使是這樣的情況，最後還是非作不可。

接下來，

要提到的是本文的重頭戲──人物表現，在做出人物的表情（Morph Target）時，採用先考慮MorphMixing，再製作素體的方式。利用放鬆時的臉部表情當作素體為佳。

市川佳孝
生活安逸無憂無慮的CG創作家
最近一隻腳踏進Flash與Web網站資料庫的合作，
覺得很吃力。
使用軟體
LightWave 3D [8]

首先，

先來製作「嘴部」的基本形狀「A（母音a）」、「I（母音i）」、「U（母音u）」、「E（母音e）」、「O（母音o）」。（舉例）張大嘴巴大叫「哇！」、牙齒咬合發出「噫！」或是「嘻嘻！」地咧嘴微笑……等，可以視需要來增加各種嘴部表情。如果抱著可能會派上用場的想法就製作的話，就會浪費不少時間。因此只需要製作所需的表情即可。

接著

素體眼睛眼睛張開的情況下製作。若眼睛閉上的狀態較多的情況下，如有製作眼睛閉上的模型，就會使紋理（Texture）的設定更加順利，是最聰明的辦法。眼睛方面，只要準備「閉著的雙眼」、「皺眉頭時的雙眼」以及「竊喜時的雙眼」等就相當足夠了。雖說「眼睛會說話」，不過這種微妙的眼部表現效果卻不大明顯。有時候必須採用「美式的誇張反應」才能夠將情感傳達給他人。在實際的影片當中，這種微妙的感情表現於背景音樂來呈現，反而更具效果。基於上面幾點，最好讓主要目標對象的表情顯得愈誇張愈好。

在這次的

設定當中，我們試著來呈現下列對話的表情變化：「喂，是我。拜託！你到底要讓我等到什麼時候！」、「對不起、對不起嘛，等一下我請妳吃蛋糕當作賠禮吧！」、「對不起喔？你要請我吃蛋糕？」其中最難的一點，就是配合嘴部動作的速度與時機，這時也可以先制定並配合對話的節奏，再搭配肢體語言（Body Language）。

2 製作 Morph

基礎	A	I
U	E	O
WA	眉毛上揚	微笑
噫！	閉上眼睛	下眼瞼上揚

為做出臉部動作的Morph設定。「AIUEO」是嘴巴的基本動作，並新增其他設定以導出原創性

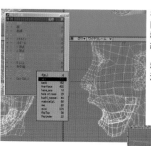

在製作Morph Target時，若能清楚區分多邊形（Polygon）及頂點的群組，就能提昇作業效率。區分群組可分成「Polygon Set」、「Point Set」及「Sketch色」3種，因此當群組的領域有重複的情況下，可使用其他的方式區分群組

準備手肘等關節彎曲時作為變形之用的Morph，並使用Vertex Paint來確認並完成骨架（Boon）的變形與調整。雖然手續有點麻煩，但最好是先存檔再使用Layout進行確認，如此只需切換視窗即可完成，這種方法既省事，又能在Subpatch的狀態下進行確認，是相當穩當的做法

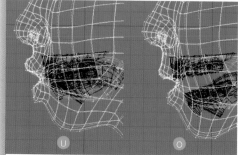

雖然「U」與「O」的發音有些類似，還是要確實表現出嘴形的不同。「U」使用的是「親嘴」時的嘴型，使嘴唇突出。「O」的嘴型，則是稍微張開下顎，使嘴唇變窄

1 Skelgon與權重

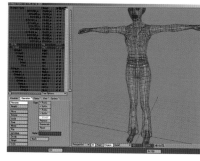

使用Skelgon Editor來編輯Mirroring及名稱。在背景圖層進行設定人物Mesh的作業

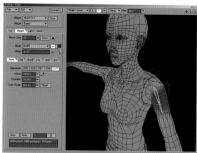

Vertex Paint Boon的權重設定是無可避免的步驟

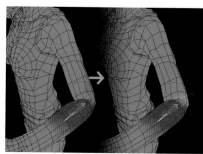

因骨架（Boon）的動作造成形狀出現破綻，可使用Morphing進行變形修正，然後再使用Vertex Paint加以確認

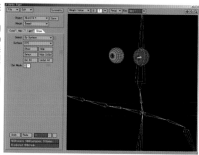

使用骨架（Boon）來執行眼球的動作，比較方便管理。如果是因周圍的Mesh而隱藏時，則要隱藏其他部分，以便能使用By Surface，看見Show Tab的select。

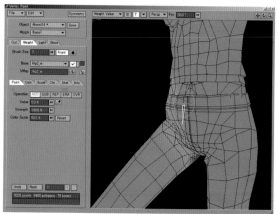

微妙的權重設定，是決定後續動畫變形的主要關鍵。此外，盡量不要使用多餘的骨架（Boon），這樣在動畫的設定上就會比較輕鬆

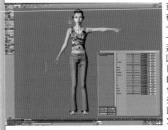

首先，在畫格（Frame）上使手機拿在手上，接著設定右手的IK。其中一個目標（Goal）設定在手腕，另一個目標則設定在手肘。然後，在這二個目標的重要部份限制可動範圍以及黏性。這些設定必須藉由讓目標物件（Goal Object）活動，才能決定設定的程度。由於身體的動作相當微妙，因此必須針對所有骨架（Bone）一個一個地進行設定。左圖的手部是由FK所操控的。只需設定關鍵格（Key Frame）即可

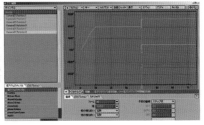

如果必須突然切換拍攝角度（Camera Angle）時，與其使用兩台攝影機交替操作，倒不如在一台攝影機上使用影像編輯，進行階梯狀的設定來的更簡單

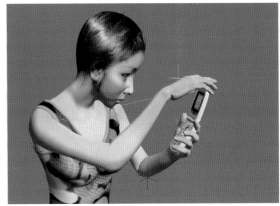

為了讓右手做出「打開手機」的動作，我們使用目標物件來進行設定，使指尖觸碰手機蓋的部份

關於手肘的Morphing設定方面，這裡使用Joint Porph Plus（Object Property的變形Tab）讓手肘的Morphing與手肘的角度同步化。設定方法相當簡單。在功能上與Channel Follower相同，若在LW7.5以前的版本進行這項設定，也能夠獲得相同的效果

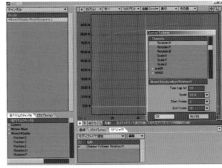

使用Channel Follower（從影像編輯的Modifier Tab新增），讓手肘的Morphing與手肘的角度同步化

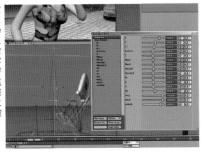

在身體的各個部位配置目標物件，將身體動作設定較柔軟些。在進行較為簡略的設定時，大多使用IK來設定。因此，與打開手機的畫面不同，需另存為其他的畫面檔

首先，先配合時間設定嘴部動作。在Layout視窗的Frame Slider上，是無法反應Morph的關鍵格設定的。因此，必須牢記如何進行設定。譬如「喂，你好。」這句話，約莫出現在畫格30到畫格60之間，這一點必須要確實掌握

使用Scene Editor，即可一眼掌握整體的關鍵格設定。然而，由於Scene Editor為全螢幕顯示，因此若要一邊開啟Scene Editor、一邊進行作業，可能有些難以操作

聊天時鮮少會做出動作，不過加上微妙的動作會讓模型顯得更真實。這種微妙的動作，可以用IK來呈現。
此外，在說「咦～！」時，人的頭部會往後仰，必須掌握這個重點，好好加上動作

「喂（譯注：日文發音為moshi moshi）！」的「SHI」的發音與「I」有些微不同。重新製作一個Target又太麻煩，因此我們使用現有的Morph Target，經過組合後來呈現。Morph也可使用負數設定，會出現意想不到的有趣效果

最後，為了使臉部的Morph動畫能夠和眼睫毛的動作相互配合，必須先複製臉部（body）的影像編輯頻道，再貼在眼睫毛（Hair）的頻道上。這樣就能夠同步動作

用CG讓人物動起來

在海邊散步的少女

**藉由隨風飄動的秀髮及裙子有效地表現出
悠閒自得且充滿女人味的動作**

要呈現人物角色 的頭髮及裙子動態時，有二項重要因素。即人物角色本身的動作以及風速等外在因素。

然而 會受到素材的重量、彈性以及摩擦力等因素影響，相對於角色本身的動作，並不會呈現出多大的的動作。因此若是做出不必要的動作，反而會顯得不自然。另一方面，頭髮及裙子卻會對風等外在因素起極大的反應，因此相當複雜。

在製作 時，頭髮以及裙子等動作一般是使用Cloth及Soft Body等Dynamics；若模型不是One Skin或是幾何學（Geometry）相當複雜的情況下，即使該物件適用Dynamics來製作，也會因為計算速度緩慢難以得到實際的結果。因此，我們使用形狀簡樸的模型來Cage Object進行Dynamics計算，並將其計算結果套用在原創形狀的方法。因為在粗略的形狀下進行Dynamics的計算，所以

142

羽田宗春

生於橫濱的自由人。銀鹽出身的3DCG設計師。除了隨心所欲地從事個人製作外，
亦雙手可及的範圍內從事講師、執筆寫作等工作。
http://www.marionette3d.com/
使用軟體
messiah:Studio 2.0
LightWave 3D [8]

速度相當快，但需要考慮到Dynamics影響的Cage。

舉例來說，本範例的頭髮在內側使用捲髮，則會當Cage同樣也是捲髮的情況下，則會受到重力影響而除掉捲髮。由於變形後的Cage可直接當作原創形狀，因此使得原創形狀無法保持形狀。因此在需要維持形狀的部位，必須使用不會產生不必要變形的Cage。在這情況下，當Cage的左右邊愈接近垂直狀態，就能夠將因重力造成變形的情況減至最低。同樣地，配合Cage形狀的Collision Object也是相當重要。這是因為Cage與判斷衝突用物件之間的「縫隙」，變成了原創形狀的變形移動量所致。

至於適用Dynamics的物件，為了表現出因物件形狀的長度及密度不同所造成的摩擦量及抵抗值，而產生不同的動作，最好能配合表現將各部位進行分類。此外，在設定的初步階段當中，透過限定適用部位，將變形分成隨著人物角色的動作而產生的變形以及因風所引起的變形，分別找出各自的參數，以求出對人物角色本身動作的黏性以及隨風飄動這兩者的參數差異。最後再以這個結果來設定權重（Weight），就能夠呈現微妙的動作。

無論如何，由於參數屬於相對性的數值，因此包括Cage、Collision Object都免不了要經過無數次的修正與嘗試。視情況而定，放棄變更骨架以及變形Map等也相當重要。

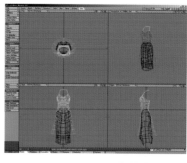

只要改良原創物件，就能夠節省重新製作樣本Cage的工夫，然而，需要Cage這件事本身，不論是想維持的形狀，還是附屬品，在構造上都帶有些問題。因此，製作Collision Object必須留意一點，那就是要意識到這個問題，修正為適合的形狀。

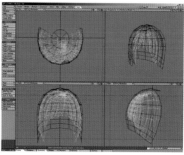

原創物件以及Cage的Outline不一定要完全一致。由於Dynamics會受到重力極大的影響，因此欲避免受到重力影響的部份，最好使用近乎垂直的線。反過來說，我們也可以利用重力因素來達到變形或累加的效果。因此，Cage的形狀必須視動作的狀況來進行調整

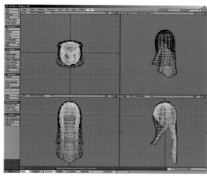

使用單一參數來控制整個Geometry並不容易。因此，最好能將重點放在構造的相似性，將物件依照各部位來區分為佳。若能著重於長度、密度、或是表現及呈現這些要點，就會比較容易決定參數的設定值。本範例是以風的展現為主題，分為六種零件

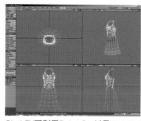 

ClothFX可利用Point Set以及Weight Map來控制參數。圖中的選擇重點，即固定Geometry之Fix用的Point Set。此外，若將控制用的權重（Weight）設為0%，就會發生錯誤，因此必須事先設定Geometry整體的權重

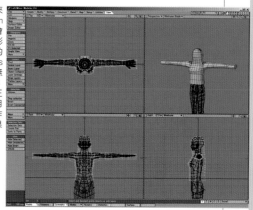

配合Cage Object來製作Collision Object時，可能會大幅偏離原創的形狀，故比起形狀的正確度，Dynamics的計算結果正確無誤才是最重要的。必須不斷重複修正Cage及衝突判定用這二種物件的作業，直到計算結果沒問題為止

這可說是整體CG的原則，為了理解對功能有何效果，最好能限制CG的動作及參數，在最單純的狀態下進行設定。特別是像Dynamics一樣只能得到相對結果的情況下，只要一度變更多個參數值，就無法掌握問題點。因此，最好著重因各個參數所致的變化

關於設定Collision的設定位置有二處。其中一處是設定在Collision Object的FX Collision。在設定物件的情況下，只要將Type變成Object就沒問題。若是在Subpatch Object的情況下，只要選擇Object-Subdiv，就能以Subpatch的形狀進行Collision

 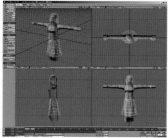

在ClothFX側的Collision設定。只要使用Point Set、權重以及Exclusive Collision來限制Collision的對象，就能夠提昇計算速度。此外，只要完成名叫nonefx的Point Set，就能夠減少所產生的資料量。這在複雜的形狀以及薄片上相當有用

使用Fix時，如果不指定固定部位的話，整個Geometry就會成為Dynamics的計算對象。這時，可以使用Weight Map來變更參數數值。由於變化量可由數值及顏色來顯示，因此在視覺上相當容易確認。設定完畢後，即可進行纖細的操作

 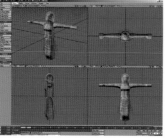

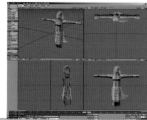

ClothFX對於初速度的反應，遠比MD2000來的緩和；即使如此，比起需要效果的畫格，倒回30個畫格再開始計算的方式，更能減少動作初期所產生的晃動。若得到滿意的結果後，可將設定檔輸出，存入程式庫

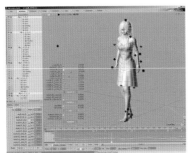

在人物角色的設定上，筆者通常使用messiah來進行設定。理由是，即使變形快速、或是在頭髮及裙子上裝設Dynamics，也能夠執行即時預覽；風的設定方面，由於ClothFX極具彈性，因此可搭配使用

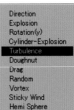

Direction
Explosion
Rotation(y)
Cylinder-Explosion
Turbulence
Doughnut
Drag
Random
Vortex
Sticky Wind
Hemi Sphere
Path

在FX Wind內搭載12種Wind Mode，使表現更加多樣豐富。在風的強度方面，除了數值以外也可以套用紋理，故可加上地形等影響的變化。在可設定風向的Vector上，只要選擇Turbulence，就能設定所有數值

由於Dynamics的計算需要Layout上的多邊形顯示，因此我們將多邊形大小設為0%，而非設定Object Dissolve，以避免對Cage Object執行Rendering。此外，當Cage在複數的情況下，事先在Scene Editor下完成設定，比較容易進行顯示設定與切換

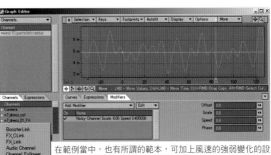

在範例當中，也有所謂的範本，可加上風速的強弱變化的設定，使風的影響表現得更加顯著。訣竅在於，在用於Radius及Power之Envelope的Noisy Channel下，為了使較短的畫格（Frame）也能夠檢視效果，就必須調整Speed值

當我們加上動作之後，在單純的狀態下，有些參數會從已設定的基本設定起了大幅變化，因此在調整時先限制變更項目，再以倍數來變更數值，比較容易顯現效果上的差異。此外，即使Cage的動作看起來沒問題，卻也可能因MetaLink的變形，使動作顯得不自然，因此必須適時地製作預覽以進行確認

FX Wind採用WindMode，可清楚顯示頭髮與裙子各自的影像，藉由區分群組的方式避免互相干涉。此外，FX Wind亦考慮到人物角色的動作及拍攝角度（Camera Angle），可調節配置上的位置及旋轉角度，防止裙子整個飄起來

排除掉物件的動作，一邊確認受到風吹擺動的程度，一邊調整參數。FX Wind本身的旋轉角度方面，也設定Noisy Channel，注意不要讓頭髮及裙子的飄動方向一致。此外，在這個階段，可設置複數個FX Wind來操控風的流向

為了在原創形狀上使用Cage Object的變形，必須在原創形狀的Displacement Plug-in使用FX_MetaLink。在這種情況下，必須將原創形狀設為經過ClothFX計算的Cage Object的子階層，如此才能彰顯效果，這點要特別注意

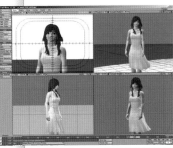

由於本篇範例的Redering中使用FPrime，因此頭髮是使用多邊形板加上透明Map的方式做成；還有即使是在使用Sasquatch做成長髮的情況下，除了必須將套用FX_MetaLink的物件轉為多邊形線之外，這兩者的製作訣竅與步驟也完全相同，可當作參考

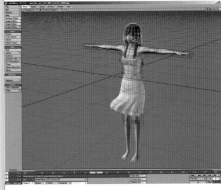

使用FX_MetaLink的時候，若Cage Object發生問題時，可能會發生形狀崩毀等破綻。這時，必須檢查模型的頂點以及多邊形的Status Panel。另外，如果Cage Object的Outline比原創形狀縮小時亦會出現問題，必須要多加注意

輕柔飄逸、輕舞飛揚的和服

身穿光澤美麗的和服的大和撫子，一邊故作嬌態，一邊在舞台上展現日本舞蹈的舞姿。和服是使用XSI當中耳熟能詳的Syflex來模擬，製作環境則是使用包含XSI v.5.0在內集合了64bit環境的最強規格來呈現。

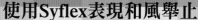

製作環境
CPU●Opteron275 2.2GHz（DUAL CORE）DUAL
記憶體●8GB
使用軟體●SOFTIMAGE｜XSI v.5.0（64bit版）

作者資訊
文・範例●柳島HiD
為了讓電腦環境能夠支援64bit的XSI，我將硬體週邊進行升級補強。但也因此，最近正在花時間處理最後的作業。
http://www2.ocn.ne.jp/~hidyboy/

在思考如何利用Cloth來呈現時，我腦中第一個浮現的畫面就是「身穿和服的女性在跳舞」。因為如流水般擺動的和服長袖、以及腰部以下質感柔軟的布料，最適合使用Cloth來呈現。也因此，在這次的範例將呈現出日本傳統服飾──和服的光澤美麗及柔軟。

在SOFTIMAGE─XSI（以下簡稱XSI）當中，具有二種Cloth模擬器。即擁有純正XSI血統的XSI Cloth及自版本4以後與Advanced同網附贈的Syflex。不可否認的是，純正Cloth在計算時相當費時，容易遇到瓶頸，因此為了變更參數而重新計算時多少會感到有些壓力。然而在另一方面，由於純正Cloth是隨著XSI的系統一同設計出來的，因此當然具備XSI的功能、參數，以及高親和力，其豐富的參數以及模擬的精準度均是超乎一般模擬（Simulation）以上的高水準。

相對於純正Cloth模擬器，Syflex為附加程式，由於其程式獨立於XSI之外的系統，因此只能當作外掛程式來使用。此外，與XSI各項優秀功能之間的合作方面，其親和性還是比不上血統純正的Cloth模擬器。話雖如此，Syflex卻擁有可讓人忽略前述缺點的諸多優點，隨著參數的最佳化以及簡單化，Syflex擁有可實現雙向計算環境的高速模擬器，能夠非常迅速且精確地得到最接近理想的Cloth表現的結果。當然使用Syflex也可以進行與XSI複合處理，所以最後決定要使用哪一種模擬器，只要考慮操作人員操作是否順手以及製作的模型即可。當然，若能善用這二者的擅長領域進行合作，就能夠大幅提昇成品品質以及作業效率。

下面將針對和服的建模到設定的順序來進行解說。這次我們所使用的Syflex，為目前現存的模擬器當中等級最高且威力十足的Cloth模擬器。今後要使用Syflex的人，可以運用其高速處理性能來量產畫面，亦可不斷進行嘗試修正，直到滿意為止。在製作時，最好能夠妥善運用其他軟體所沒有的高生產性為佳。

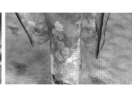

模型的設定與Cloth的設定

2 Cloth的設定

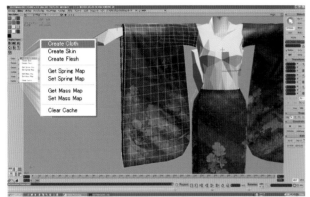

在衣袖模型上設定Cloth。首先，使用Create Cloth來設定Cloth屬性。由於自這次使用的軟體版本開始，Layout的Preset中就少了Syflex，因此我們就使用Layout功能，將Syflex的Tool Bar收納在工具列當中

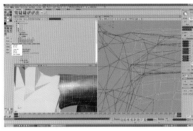

接著，就來設定Force的Gravity以及Dump。但光是這樣，衣袖會掉下去，因此必須指定Collision模型，使衣袖固定在肩膀部份，這樣就設定完畢。具體而言，只要使用Tag選取想固定的部份，設定好Nail之後，就能夠產生Null，然後將該Null與鎖骨的骨架（Bone）建立親子關係

使用Nail所固定住的袖肩部份。固定之後，衣袖就會停在肩上，不會從手臂上掉落。位於身體模型肩膀的交界部份，則已在鎖骨上設定權重，因此不用擔心頂點會移位

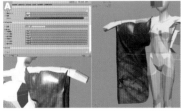

為了進行輕微處理，已在初期設定中降低密度，因此衣袖會穿過Collision模型而垂下來A。只要調整參數值，設定適當的質量密度，衣袖就會緊緊跟隨Collision模型B。在Syflex當中，可即時確認調整結果

1 製作和服與Collision模型

本範例的素體為身高約145cm的女性。這個人體模型已經先裝設角色控制器（Rig），然後穿上和服。並且在頭部配置髮飾及髮簪等裝飾，如髮簪等部分模型，則是藉由Cloth的模擬來控制髮簪的晃動

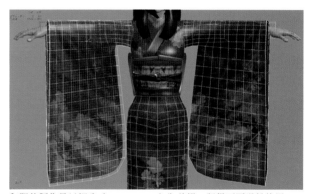

和服的製作是以細分（Subdivision）為前提，記得不要過份使用Low Poly。這是因為Low Poly模型在Collision判斷中容易透過，使和服的皺摺等質感顯得單調的緣故。因此包括平面，最好能夠讓密度維持某種程度的一致。至於Mesh方面，為避免頂點之間相互干涉使模型出現破綻，細節部份最好不要做的太精細。畫面左邊是為經過細分後的衣袖

考慮到Cloth控制的部份，將和服分割為幾個零件。在這回內容中，我們將左右衣袖以及腰部以下的部份使用Cloth，腰部以上的身體部份則使用Envelope進行處理。頭部上的藍色色板，為髮簪用的Cage Deformer模型。淡藍色及紅色部份為減少多邊形的Collision模型，由於只是略作處理，亦可作為展現動畫的模型之用

計算參數以及Deformer設定

① 使用JavaScript計算主要參數

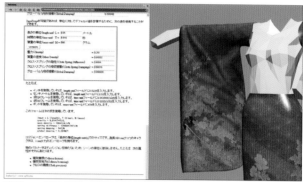

雖然Cloth不易調整，不過Syflex具有JavaScript語法功能，可透過HTML Document計算出正確的參數。先在Netview顯示Document，接著將這個畫面設定為1XSI Unit為1cm，同時輸入長度、時間及質量這三種單位的數值。然後按下「compute」就會開始計算。設定時間以及結果數值如下表所示：

〈設定〉

長度單位（Length Unit）	L＝0.01m	因為1m為100XSI Unit，所以1÷100
時間單位（Time Unit）	T＝0.016秒	因為1／60秒，所以1÷60
質量單位（Mass Unit）	M＝500g	袖子約以500g計算

〈結果〉

重力（Gravity）	＝0.251
質量密度（Mass Density）	＝0.00002
Cloth Spring 的剛性（Cloth Spring Stiffnesses）	＝0.0064
Cloth Spring的吸收振動（Cloth Spring Dampings）	＝0.00016
Global吸收振動（Global Damping）	＝0.000008

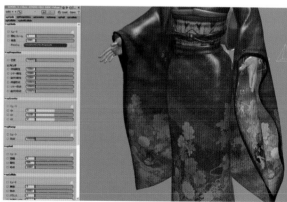

在實際模型上，設定前面所算出的數值，即可確認是否正確進行處理。然而，這樣會加重計算的負擔，因此姑且將上表當作基準數值，以基準數值為根據，找出最合適的參數值

在軸上一邊調整質量的密度，一邊設定實用數值。這樣一來即可進行確認，以求出正確的計算結果

② Cloth的Deformer設定

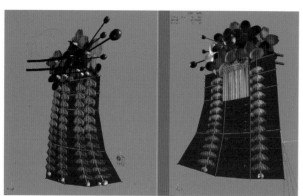

髮簪屬於構造複雜的模型，為表現髮簪搖晃的動作，我們將已設定Cloth的藍色網格（Grid）設為髮簪的Cage Deformer，使髮簪能夠隨網格而動。這個藍色的網格使用Nail來固定，使產生的Null在髮簪上形成階層。這麼一來，就可使用Low Model來操控High Model的動作，同時亦可縮短計算時間

實踐技巧 使用Deformer操控Cloth

在髮簪中，我們將Cloth當作Deformer來使用；反過來說，我們亦可藉由Deformer讓Cloth活動。首先，先在網格上設定Cloth，接著設置骨架（Bone），完成Cage Deformer用的簡易模型 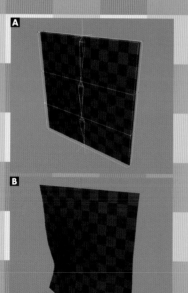。其次，使模型隨著來自前後左右的風吹拂擺動 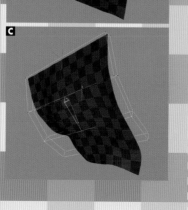。由於這種素材乃作為操控之用，因此在要事先調整，避免做出大動作。接著讓Cloth模型在Cage模型上執行Cage Deformer，這樣就能透過骨架來控制Cloth模型。當然，只要多加設定重播畫格（Frame），即可即時預覽。

② 影片預覽及Rendering

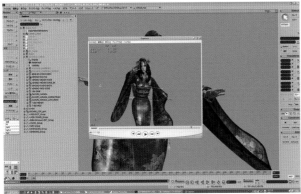

使用View Port的擷取（Capture）執行動畫化，使用實際重播速率60秒的畫格來進行確認。我推薦使用Quick Time播放器，因為Quick Time播放器能讓Slider Bar順利播放與倒轉，方便確認動作。若這個部份沒有問題，就完成了模擬的步驟。如果還有問題的話，可清除快取檔案後，再調整Cloth

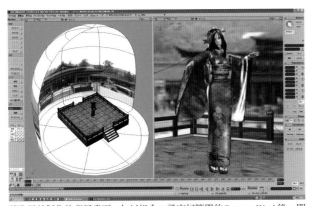

讀取另外製作的背景畫面，加以組合，設定好簡單的Camera Work後，即完成畫面。畫面左方乃當作背景而製作的舞台設定。白色的巨蛋作為周遭的遠景之用，將照片加工後貼上而成。Rendering設定方面，使用Final Gathering當作環境光，並在Point Light個別設定Key Light以及Fill Light。攝影機則設定成DOF的Lens Shader

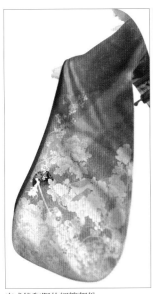
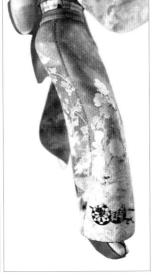

完成後和服的細節部份

① 動畫設定與Cloth的最後調整

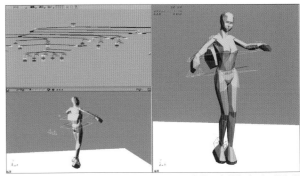

為了呈現和服的動作，在轉身之後保持特定的姿勢。在動作方面，首先從面向正面的狀態，一邊扭轉身體，一邊向左旋轉，最後保持右手上舉的姿勢。製作動畫時，使用先前製作完成的Collision用的Low Poly模型，加上動作

進入最後的Cloth參數的調整。將畫面限定為單一畫面，顯示物件只保留Cloth模型以及Collision模型。這麼一來，就能大幅加快處理速度

在設定動作之前，原本沒問題的設定，大多會在實際加上動作後進行確認時發生問題。在這個部份當中，長袖會受到旋轉運動的離心力的影響，會穿透Collision ObjectⒶ。原因出在上一頁進行Script計算後的參數調整，故必須使用Script算出最接近的數值後，再進行調整。Ⓑ為經過處理後沒問題的狀態

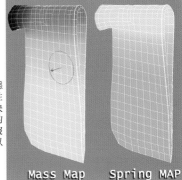

就這樣，在檢視動作的狀態下，來設定質量以及剛性Map。使用Weight Point，決定質量與彈性（Spring）的影響範圍。檢查結果確認沒問題後，使用快取存檔，以免二度計算

Mass Map　　Spring MAP

表現長袍隨著激烈動作
所產生的皺摺

巫師身著的長袍

在黑暗的迷宮中，巫師全身裹著
厚重質感的長袍，正對著即將來
襲的敵人施展魔法。在這個畫面
當中，我們運用Maya中的Cloth
模擬的外掛程式——Syflex來重現
長袍的一連串動作。

製作環境
CPU●Pentium 4 3GHz
CPU●1GB
使用軟體●Maya 7.0 Complete

作者資訊

文・範例●HASH
最近正忙著在次世代遊戲開發中，
開拓新影片的呈現手法，日夜埋頭苦幹。
另一方面，我帶著最近剛購買的腳踏車，
在半夜的都會中心進行減肥運動。

在這次的範例中所使用的Syflex，為一種可迅速且逼真重現布料擺動的的高速Cloth模擬器。Syflex內部搭載一種高速且穩定的Solver，因此對於人物角色的各種速度的動作，即使加上動畫也能夠維持形狀不露破綻。

使用Syflex來進行Cloth模擬的作業程序可概分為4大項，順序如下。首先，先製作Cloth Geometry當作素體。其次，指定風及大氣等模擬做為施加在Cloth上的Force。接著，針對連接部份的指定等相關限制（Constrain）進行定義。最後，再設定調整Cloth與物體發生衝突時的反應用的Collision。有關上述程序類的一般的模擬器類的外掛程式當中，在一邊調整相當複雜的參數，一邊進行作業；而在Syflex當中，需要進行設定的參數種類卻相當少。因此不需煩惱數值下進行調整，即可在特定部位上進行調整，這可說是這款外掛程式的最大優點。

此外，如同廣告文宣所述，Syflex的高速計算能力令人瞠目結舌。能夠以比Maya Cloth快上5倍的計算速度來進行模擬。在必須經常Try and error（不斷嘗試）的作業過程中，Syflex的處理速度佔有極大的優勢。不僅如此，Syflex不用像Maya Cloth需要製作特殊的Geometry，便能將單純的多邊形物件（Polygon Object）轉換成Cloth進行計算，因此能夠進行與建模之間的無縫調整作業。另外，當使用Cloth模擬且經過調整後，如欲變更布料模型的情況下，不需重新設定Cloth即可彈性進行調整。遮一點也算是Syflex的一大優點。

在Cloth模擬作業中，有許多案例都是一面進行精細調整，一面進行嘗試與錯誤，以及重新計算，而Syflex的設計可說是設想周到。從下一頁開始，將針對Cloth當中用途相當廣泛的主題——長袍的製作進行解說。

製作Cloth Geometry

③ 加上人物角色動作

所需的建模完成之後，即可套用Joint及Skin的設定，為人物角色加上動畫。由於Cloth模擬會跟隨動畫而變化，因此先從T字型姿勢開始慢慢地回到動畫開始的姿勢，然後再進入模擬用的動畫

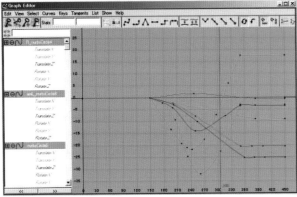

如果從起始姿勢到動畫開始的姿勢之間的移動時間太短的話，就會加大頂點的移動量，故在計算時Cloth與人物角色本身的Collision容易發生問題，必須多加注意。這裡我們設定按鍵，使0到150 Frame保持靜止，151 畫格（Frame）以後開始進入目標動畫

為了看清楚布料大概的動作，製作預覽用的Cloth Geometry。這是因為若從一開始的細小布料模型開始計算，就會讓處理過程變得很龐大。至於布料的詳細呈現之相關參數調整，可以在後面細膩的模型上再做調整

Cloth Geometry能夠忠實呈現皺摺表現等細節部份，為了能夠相輔相成，因此Mesh的細緻程度就變得相當重要。然而，太過細緻的Mesh會增加計算時間，因此我們使用細緻度比既有的Cloth模型高1級的Smooth來呈現

① 畫面設定與製作人物角色

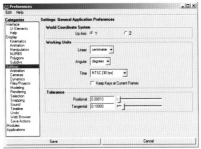

Syflex所有的設定值與畫面的Scale值關係密切，因此在作業的過程中無法變更Scale值。因此，必須一開始就確實地設定完成。此外，欲模擬的物件必須採用現實的大小尺寸。在這個畫面中，我們將Scale值設為「cm」

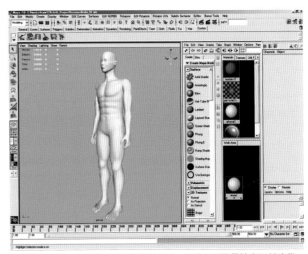

在模擬布料時，可能會出現起衝突的部份，因此必須準備被衣服所遮蓋、看不見部份的模型。人物角色的骨骼與肌肉愈縝密，布料的起伏也顯得愈正確、自然，呈現出細膩的細節

② 製作Cloth Geometry

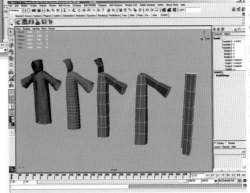

在Syflex中，設計服裝時可使用四角多邊形來構成Cloth Geometry。這個部份恰好與布料纖維的排列方式相同，因此最好採用這種方式來進行作業。藉由採用和編織纖維同樣的Geometry（幾何），比較容易考慮布料的伸縮性與韌性，同時也比較容易定義。在一般的Cloth 模擬器當中，大多推薦使用三角多邊形來構成Geometry，利用Syflex則不同，可使用四邊形來進行調整及計算也可說是它的優點

Syflex-Cloth的製作與基礎調整

② Force與Collision的設定

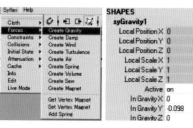

由於Cloth Geometry呈現浮在空中的狀態，所以必須加上重力。在Syflex當中，具備一種稱作Force的功能，可藉由重力、風等物理現象來施力。在選取syCloth Node的狀態下，自「Syflex→Force」的Submenu中，選擇Create Geometry。由於在初期設定值當中無法顯示較為實際的數值，故我們將InGravity調整為-0.098

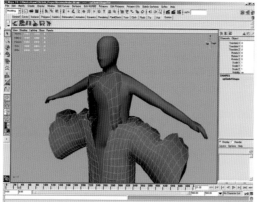

接著，將Collision運用在Cloth Geometry執行衝突判定的模型上。在選取syCloth Node與Collision模型的狀態下，自「Syflex→Collision」的Submenu中，選擇Create Collider。然後試著播放動畫，就會出現Cloth Geometry穿過Collision的情況。這是因為Collider的Envelope值太小，無法進行衝突檢測的緣故

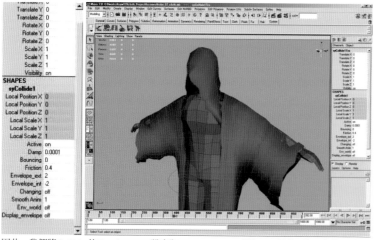

因此，我們將Collider的Envelope_exp設定為2，Envelope_int設為-2。另外，為了增加衝突時的摩擦，故將Friction值設為0.4，保留Cloth Geometry

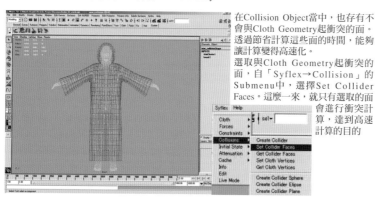

在Collision Object當中，也存有不會與Cloth Geometry起衝突的面。透過節省計算這些面的時間，能夠讓計算變得高速化。
選取與Cloth Geometry起衝突的面，自「Syflex→Collision」的Submenu中，選擇Set Collider Faces。這麼一來，就只有選取的面會進行衝突計算，達到高速計算的目的

① Syflex-Cloth的使用

選擇預覽用的Cloth Geometry，使用「Syflex選單」中的「Cloth」功能，就能在畫面上做出syCloth Node。調整此一syCloth的Attribute值後，就能夠設定布料的性質。在這個時間點上，即使往前移動畫格（Frame）也看不出外觀上的變化，不過只要使用後面會提到的Force及Collision後，就能做出更貼近現實世界的動作。此外，在進行調整設定值的時間點上，一定要避免搞錯設定快取的時機。當Try and Error發生率高，必須調整數值時，先關掉快取功能再執行計算比較方便作業。若想透過預覽動畫檢視成品時，只要開啟快取功能，就能夠和Play Blast一樣進行精密的檢視。善用切換快取功能，是進行有效調整的訣竅之一

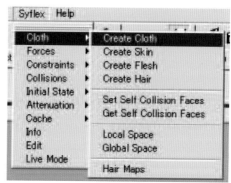

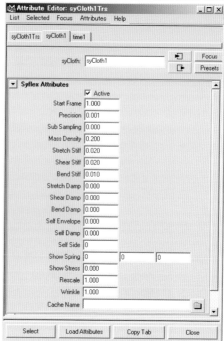

Syflex-Cloth的調整

② 使Cloth跟隨人物角色動畫而動

在指定布料的Collision以及特性的基礎後，播放人物角色的動畫畫格，來確認Cloth Geometry的樣子。首先確認Collision，如果布料有穿透、或脫離人物角色的情況發生時，則調整Envelope值。藉由再度調整這個時間點，將Envelope_exp設為1，接著再將Envelope_int設為-1

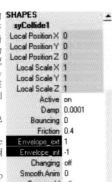

將Collision模型的Material標為紅色，Cloth Geometry的表面標示為藍色，內側則標示為綠色，藉由標上對比強烈的顏色，以方便檢視布料是否出現貫穿現象。此外，記得使用格子圖案的紋理，同時別忘了檢查布料的伸展性

① Mesh的替換與調整

確認過Collision的預覽畫面後，就將Cloth Geometry替換成模擬用的模型。Syflex的Cloth模型的操作法，只是將Mesh的頂點資訊輸出到syCloth Node而已，構造相當單純

接著，我們將預覽模型的接續資訊轉移到模型用模型上後，再進行接續。先暫時解除從Cloth模型的Mesh Node的WorldMatrix接續syCloth Node的InMesh的資訊，再使用Mel的ConnectAttr指令進行再次接續

③ Cloth的最後調整

最後，只要提高Collision模型的Mesh解析度，即可提高Collision的精準度。在這個狀態下，進行模擬，來檢視最後狀態。截至目前為止並沒有發生太大的問題，因此能夠確認計算時間；然而在這個時間點上，由於沒有預覽計算，因此相當費時。為解決這項問題，必須在syCloth Node的Cash Name輸入文字列，並開啟快取功能。如此一來，當Frame Slider工作時就會啟動快取功能，方便檢視動畫

藉由縮小Precision值，可提昇模擬的精準度。藉由這個步驟，可防止因基準度低所引起的布料振動。然而，若過份降低數值就會加重處理負擔，因此必須估計不會引起布料振動、且最接近的數值進行設定。我們將Precision值設為0.00005，就能使布料動作地更加正確且順暢

使用Collision模型執行動畫時，當Smooth Anim的數值愈接近1.0，精準度就會愈高。雖然這樣會大幅提昇計算速度，但由於Smooth Anim是就提昇品質來說相當重要的參數，因此這裡將最大值設為1.0。syCloth Node、Collider Node的最終參數，如上圖所示

由於替換成模擬用的模型，因此計算跑得很慢，不過卻能夠檢視布料的細節部份。從這裡開始，將來處理布料的質地以及細節部份。首先，我們將決定好布料重量的Mass Density設定為0.0219。這個數值是設定布料密度的屬性，也是相當重要的參數，必須慎重進行設定

但是光是這樣會讓布料過於柔軟，必須設定Stiffness參數，加強布料的剛性

為了讓長袍具備軟硬適中的特性，必須反覆進行調整。這裡將StretchStiff設為0.85，將Shear Stiff設為0.71，將Bend Stiff設定為0.275。此外，由於提高上述數值容易引發振動，故必須同時提高Damping值來進行調整使其能夠吸收振動。將Stretch Damp設定為0.002，將Shear Damp設為0.0018，將Bend Damp設定為0.0007。這麼一來，就能讓布料呈現適當的皺摺

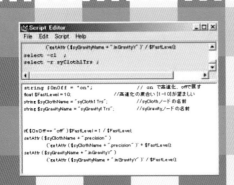

實踐技巧 提昇Syflex預覽的簡單方法

下面將為各位介紹提昇Syflex計算速度的技巧。在Syflex當中，可藉由簡單的步驟調整模擬精準度數值的幾項參數，幾乎不會變更布料的動作，就能大幅提昇計算速度，同時使調整作業進行更有效率。至於高速化時機方面，在到達某個程度的表現水準之前，最好處於進行基礎作業的階段。具體來說，即依照下面的步驟進行高速化。首先，將syCloth Node的Precision設定為0.01，Mass Density增為10倍。接著，將syGravity Node的值設為除以10之後的數值。此外，若在使用syCollide Node之與自我衝突精準度相關的Smooth Anim的情況下，亦可將syGravity值設為0.0。只需靠上述技巧，就能使計算速度高速化。另外，在這個狀態下調整完成的階段，使用百分率的倒數，即可恢復精準度高的模擬設定。將上述步驟當作Mel，不需經過手動變更也能夠像開關一樣切換指令。這是一種步驟非常簡單、又能獲得良好效果的技巧，一定要牢記在心。

使用ClothFX製作自然的場景

被海風吹拂飄動的連身裙

漫步在海岸線上的女孩。女孩加上跑步的動作，受到海風的吹拂，使得質地輕薄的連身裙擺隨風飄動。我們來試著做出這樣的畫面。在服裝的模擬方面，使用標準搭載的ClothFX。我們將依序從建模到完工進行說明。

在Max的布料（Cloth）Modifier中，備有眾多Preset Property。由於參數愈多愈複雜，因此最好先選擇與理想布料相似的布料Preset再進行修改，才是最快的捷徑。原創的Property可以存檔，因此亦可供其他畫面使用，相當方便。

不過畫面當然要事先依照實際尺寸進行製作。在其他的情況下，若不變更重力數值的話，就無法得到正確的結果，因此要多加注意。

使模型慢慢地動起來。接下來，注意盡量使模擬用的Collision以及Cloth模型的面的大小維持一致性。這是一大重點。盡可能減少面可減輕計算上的負擔，亦可不斷地嘗試；但隨著面的大小改變，模擬的結果也會跟著改變，因此當作品的質感無法達到要求的目標時，可以嘗試改變面的大小。另外，在動畫動作太快導致計算失敗的情況下，可以增加Subsample的數量。這個步驟雖然很花時間，卻能夠得到最正確的結果。雖然這是基本常識，

在製作服裝時，當大致的設計完成之後，首要步驟就是建模。截至目前為止，我們總是一邊構思模擬，一邊製作服飾。搞得頭都快爆炸了；但是自3ds Max 7開始即可使用Skin Lap。因此大幅減少對設計及建構的限制。比方說像這次的範例一樣，在衣服下擺加上了皺摺以及緞帶的裙子等，也能夠輕易地進行模擬。建模的重點，在於必須意識到服裝的構造。像是注意作品的特徵，哪些部份要進行建模，哪些部

份要用紋理做處理，都必須詳細觀察後再進行建模。

另外，有一點必須特別注意的是，在貼UV時記得不要將Map伸展開來。比方說在特寫鏡頭上，在貼的時候不要擴大布料的接縫，如此才能使作品看起來更逼真。

模型完成後，接著就要加上動畫。從建模時初期設定的姿勢開始做起，是製作動畫的不二法則。此外，較激烈的動作容易模擬失敗，因此在動畫最初的姿勢完成之前，至少要做30個以上的畫格（Frame），

製作環境
CPU●Xeon2.8G Dual
CPU●2GB
使用軟體●3ds Max 7.5

作者資訊
文・範例●竹內芙美（Studio Hand）
工作內容從建模、電影、到等身大小的海報應有盡有，最近幾乎都在從事電玩方面的工作。雖然自己連一台電動主機也沒有……
http://www.studio-hand.com/

服飾的建模與Mapping

② Mapping

完成模型後，在UVW Un Lap上展開UV。在展開時要小心，別讓UV伸長。在配置UV時，盡可能有效使用空間，避免留白

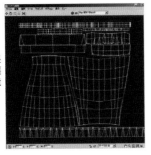

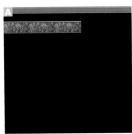

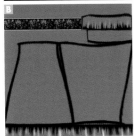

為了更容易掌握UV，先貼上測試用的Map，檢查是否有缺陷。在這張原創的格子狀Map上，分別標上顏色與編號。透過這種標上數字的方式，能讓UV的歪斜部份一目了然，因此能夠針對連身裙進行Test Rendering，確認整體衣服的外觀

Ａ為連身裙的Color Map（紋理）。這個圖樣，是使用Illustrator進行重複所製成的圖樣，將小圖案與大圖案組合之後，完成服裝的圖案。Ｂ為連身裙的Bump Map。將模型形狀無法呈現、細緻的皺摺等部份，藉由Bump Map的描繪為整體細節加分。Ｃ是連身裙的透明Map。調整裙擺部份的透明度，使腿部能從裙擺透出

① 建模

首先，先畫出草稿來決定服裝設計。實際作業時大多為一邊製作，一邊修改，不過若能在這個階段先決定配件的種類以及素材的質感，作業時就會比較輕鬆

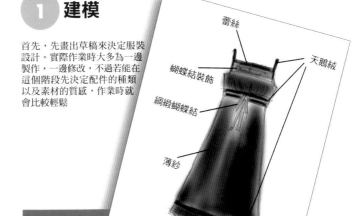

蕾絲
天鵝絨
蝴蝶結裝飾
綢緞蝴蝶結
薄紗

首先製作半身模型，然後在Geometry使用鏡射複製，一邊運用Turbo Smooth，一邊使用Low Polygon製作模型。盡可能從Low Poly模型開始著手，可減少貼UV時的功夫

像這樣，在服裝布料的縫合部份一定要仔細做出凹痕，這一點相當重要。藉由想像成實際服裝的構造，再加上Rendering所呈現的陰影等，能夠大幅改變服裝的真實度

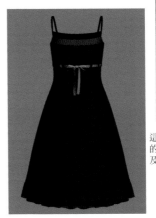

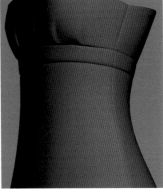

這樣就完成了服裝模型，接著在服裝模型的中心部份再貼上蝴蝶結及肩帶。蝴蝶結及肩帶是Material ID分開的狀態

③ 披肩與小配件的製作

Ａ是從上方看下來的披肩。為方便之後進行模擬，因此做出披肩攤開的狀態。此外，攤開狀態還具備容易貼上UV的優點。Ｂ是披肩的Test Rendering。Ｃ是長靴的Test Rendering

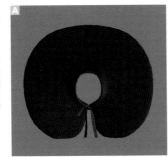

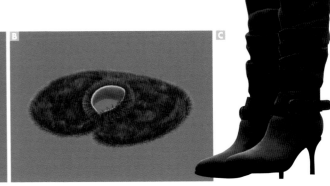

模擬的事前準備

③ 套用Skin Lap

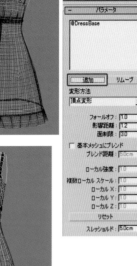

▲為模擬用的模型與Rendering用的模型相互重疊的狀態。為避免模型在加上Modifier時出現缺陷，在這個階段必須檢查模型大概的形狀是否吻合。▲為Skin Lap Modifier的參數。先套用在Rendering用的模型上，再使用新增按鈕選取Lap所在的Low Poly模型

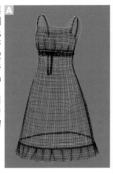

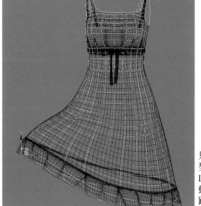

只要拖曳位於模擬用模型上的頂點，套用Skin Lap的模型就會跟著移動。如果模型無法順利跟著移動時，可調整Threshold的數值來處理

④ Cloth的設定

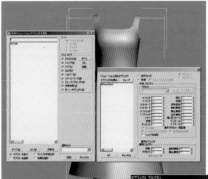

在模擬用的模型上配置布料（Cloth）用Modifier。開啟Object Property，點擊新增物件按鈕後，選取Collision用的腿部模型。完成選取之後，在Collision用的模型上就會自動配置所選取的布料（Cloth）Modifier

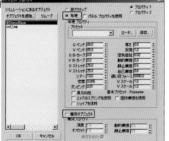

在Collision用的腿部模型上勾選衝突物件的Radio按鈕，在模擬用的連身裙模型上則選取布料按鈕。本範例所選用的布料類型為Preset的Polyester

① 製作模擬用的物件

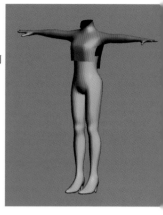

與Rendering用的身體不同，另外製作Collision判斷用的簡易物件

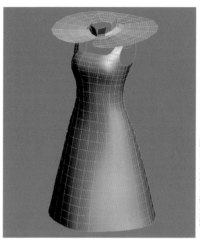

將連身裙的多邊形進行細部分割之前，先製作模擬用的連身裙。之所以製作Low Poly模型的原因，是為了減輕模擬處理的負擔。這個階段，要注意盡量保持多邊形面的大小一致

② 加上動畫

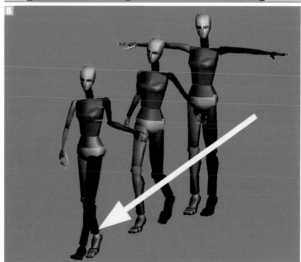

▲是使用Motion Mixer來加上漫步海灘的動作。▲是將動畫進行Mix，使步行的動作從建模時的初期姿勢開始

模擬與畫面的製作

② 模擬披肩

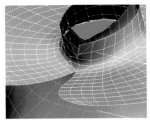

至於披肩的模擬用模型，則使領口的Mesh連結起來，避免披肩脫離頸部

披肩的布料Property。為了使披肩保持漂亮平整的外觀，要從Preset中的棉布部份展開各參數的數值微調，並加以設定

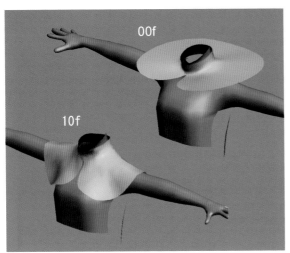

00f

10f

披肩受到重力的影響，因而自然垂下

③ 畫面的 Rending

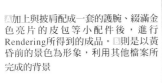

模擬用的模型以及Rendering用的模型。比較這二種模型，檢查是否有問題產生

A

B

▲加上與披肩配成一套的護腕、綴滿金色亮片的皮包等小配件後，進行Rendering所得到的成品。Ｂ則是以黃昏前的景色為形象，利用其他檔案所完成的背景

① 模擬連身裙

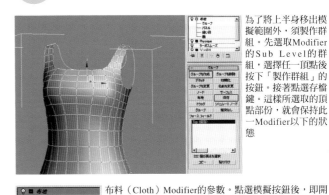

為了將上半身移出模擬範圍外，須製作群組。先選取Modifier的Sub Level的群組，選擇任一頂點後按下「製作群組」的按鈕。接著點選存檔鍵。這樣所選取的頂點部份，就會保持此一Modifier以下的狀態

布料（Cloth）Modifier的參數。點選模擬按鈕後，即開始計算。如果無法順利執行時，就得刪除模擬，重複重新調整布料參數、Collision的距離、以及Sub Sample數等步驟

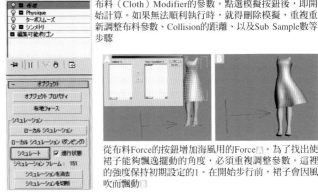

從布料Force的按鈕增加海風用的Force▲。為了找出使裙子能夠飄逸擺動的角度，必須重複調整參數。這裡的強度保持初期設定的1。在開始步行前，裙子會因風吹而飄動Ｂ

實踐技巧 使用服飾Maker來建模

我們使用ClothFX的Pattern（製圖）功能來為服裝建模。首先，利用Spline準備欲著裝的身體模型以及服裝零件。可利用Illustrator等軟體來製作，亦可直接在Max上製作。有一點要特別注意的是，從Top View所看到的Spline是在平面狀態下進行配置的。在這部份最好能具備服飾方面的基礎知識，不過只要習慣後，就能夠製作剪裁（縫合）複雜的服裝。在

Spline配置服飾Maker（Garment Maker）Modifier後，就能夠變換Mesh，並指定縫合部位。這時，須先打破每一邊（接縫）的Spline頂點。然後再套用布料（Cloth）Modifier，使用模擬來縫合接縫。這一連串的作業過程如同製作真正的服裝一般，覺得這種作法比較容易製作的人不妨試試看。

指定接縫的狀態

縫合完成的衣服。因為是在平面階段貼上UV，因此衣服圖案相當整齊美觀

TITLE

極致版　3D人物建模、材質專業技法

STAFF

出版　　　瑞昇文化事業股份有限公司
編著　　　WORKS CORPORATION
譯者　　　高詹燦

總編輯　　郭湘齡
責任編輯　王瓊苹
文字編輯　闕韻哲
美術編輯　朱哲宏
排版　　　執筆者設計工作室
製版　　　明宏彩色照相製版股份有限公司
印刷　　　桂林彩色印刷股份有限公司

戶名　　　瑞昇文化事業股份有限公司
劃撥帳號　19598343
地址　　　台北縣中和市景平路464巷2弄1-4號
電話　　　(02)2945-3191
傳真　　　(02)2945-3190
網址　　　www.rising-books.com.tw
Mail　　　resing@ms34.hinet.net

初版日期　2010年2月
定價　　　680元

國家圖書館出版品預行編目資料

極致版3D人物建模、材質專業技法 /
WORKS CORPORATION編集；高詹燦譯.
-- 初版. -- 台北縣中和市：瑞昇文化，2010.01
160面；21×28.4公分

ISBN 978-957-526-927-2 (平裝)

1.電腦繪圖　2.電腦動畫

312.86　　　　　　　　　　99000996

極致版
3D人物建模、
材質專業技法